江苏省安全生产培训教材编写委员会

熔化焊接与热切割作业

（复训）

主编 罗进明 杨洪健

主审 杨 成 樊巧芳

U0254787

东南大学出版社

·南 京·

图书在版编目(CIP)数据

熔化焊接与热切割作业.复训/罗进明,杨洪健主编.
—南京:东南大学出版社,2014.3(2018.7重印)

江苏省特种作业人员安全生产资格培训系列教材

ISBN 978 - 7 - 5641 - 4801 - 0

Ⅰ.①熔…　Ⅱ.①罗…　②杨…　Ⅲ.①熔焊-技
术培训教材　②切割-技术培训-教材　Ⅳ.①TG422
②TG48

中国版本图书馆 CIP 数据核字(2014)第 053453 号

东南大学出版社出版发行

(南京四牌楼 2 号　邮编 210096)

出版人:江建中

江苏省新华书店经销　　苏州市古得堡数码印刷有限公司印刷

开本:850mm×1168mm　1/32　　印张:6.375　　字数:162 千字

2014 年 3 月第 1 版　2018 年 7 月第 15 次印刷

ISBN 978 - 7 - 5641 - 4801 - 0

印数:69001～74800 册　　定价:15.80 元

本社图书若有印装质量问题,请直接与营销部联系。电话:025 - 83791830

江苏省安全生产培训教材
编写委员会

编写委员会主任、副主任、委员

主　任：王向明

副主任：赵利复　陆贯一　刘振田　喻鸿斌　徐　林
　　　　陈忠伟　姜　坚　柏利忠　赵启凤　单昕光

委　员：（按姓氏笔画为序）
　　　　王从金　孙友和　庄国波　华仁杰　汪　波
　　　　苏　斌　张　昕　沈晨东　宋明岗　张新年
　　　　张继闯　李瑞林　武　奇　赵宝华　赵昶东
　　　　洪家宁　倪建明　曹永荣　曹　斌　崔　泉
　　　　熊佳芝　魏持红

编写委员会办公室主任、副主任、成员

主　任：汪　波

副主任：孙友和　严建华

成　员：陈小红　昝夏青

序

安全生产是经济社会发展永恒的主题。党的十八大报告提出"强化公共安全体系和企业安全生产基础建设，遏制重特大安全事故"，这充分体现了中央对安全生产工作的高度重视，明确了新时期安全发展的重点任务和努力方向，是实施安全发展战略的具体化要求。全面把握党的十八大对安全生产工作的新要求，更加自觉地用十八大精神武装思想、指导实践，以科学发展观为行动指南，毫不动摇、与时俱进地推进安全生产工作不断向新水平新成效迈进，是我们永恒的责任与追求。

近几年来，在江苏省委、省政府的领导下，全省安全生产监督监察系统牢固树立科学发展、安全发展理念，扎实推进各项工作，努力提高安全监管监察能力，连续实现了生产事故和死亡人数的"双下降"，为实现"平安江苏"和"两个率先"作出了贡献。

搞好安全生产必须牢固树立"培训不到位是重大安全隐患"的意识。《国务院安委会关于进一步加强安全培训工作的决定》（安委〔2012〕10号）指出，危险物品生产、经营、储存等高危行业企业主要负责人、安全管理人员和生产经营单位特种作业人员要100％持证上岗，以班组长、新工人、农民工为重点的企业从业人员要100％培训合格后上岗。《省政府关于坚持科学发展全面提升全省安全发展水平的意见》(苏政发[2012]112号)强调,要全面加强安全技能培训和考核。根据形势发展的需要和安全培训工作的要求,省安全生产培训教材编写委员会组织了全省具有丰富经验的专家、教授和工作人员编写了这套教材。本套教材是根据国家安监总局《特种作业人员安全技术培训考核管理规定》(国家安监局30号令)的要求,以国家培训大纲、考核标准为依据,特别是结合江苏的实际,介绍了生产单位特种作业人员需要掌握的安全知识、规章及技能。教材坚持安全理论与生产实践相结合,突出新的安全理念和"四新知识",并为学员留有自主学习、自主探究的空间,以期达到教学相长的目的。

本书的编写时间紧、任务重、要求高,参加编写和参与组织工作的同志们为此付出了辛勤劳动,在此向他(她)们表示衷心的感谢。同时,在编写和出版的过程中,各市、县安监部门和有关同志给予了大力支持,在此一并表示感谢。

江苏省安全生产监督管理局局长
江苏煤矿安全监察局局长

2014年4月

前　　言

　　《安全生产培训管理办法》(国家安监总局令第 44 号)指出:安全培训的目的是为加强和规范生产经营单位安全培训工作,提高从业人员安全素质,防范伤亡事故,减轻职业危害。搞好安全培训,对于保障特种作业人员及其他人员的生命安全,防止重特大事故的发生,提高企业安全生产水平,实现安全发展战略等都具有十分重要的意义。

　　《特种作业人员安全技术培训考核管理规定》(国家安监总局令第 30 号)中明确了特种作业人员每 3 年复审一次。为贯彻国家要求,进一步落实"安全第一,预防为主,综合治理"的基本方针,江苏省安全生产培训教材编写委员会根据《特种作业人员安全技术培训大纲和考核标准》要求,组织编写了《熔化焊接与热切割作业》复训教材。

　　本教材重点介绍了熔化焊接与热切割作业相关的新法规、新标准、新技术和典型事故案例分析,希望对熔化焊接与热切割作业作业人员提高安全作业水平有所帮助。

　　本教材由南通市安全生产宣传教育中心的罗进明、杨洪健主编,杨成、樊巧芳主审,在编写过程中还得到了南京工业大学张礼敬教授的帮助,在此表示衷心的感谢!

　　时间仓促,不足之处在所难免,恳请各位专家及读者批评指教。

2014 年 4 月

目　　录

第一章　新法律、新法规、新规范、新标准 ………………（1）

第一节　《安全生产法》…………………………………（1）

第二节　安全生产方面相关新颁布及新修订的法律法规

…………………………………………………………（6）

第三节　特种作业人员安全技术培训考核管理规定 …（57）

第四节　焊接与切割安全 ………………………………（77）

第五节　焊接工艺防尘防毒技术规范 …………………（103）

第二章　新技术、新工艺、新材料 ………………………（113）

第一节　心肺复苏术法新标准 …………………………（113）

第二节　电子束焊安全技术 ……………………………（118）

第三节　激光焊安全技术 ………………………………（122）

第四节　电渣焊安全技术 ………………………………（129）

第五节　热喷涂安全技术 ………………………………（133）

第六节　焊接机器人 ……………………………………（138）

第三章　典型事故案例分析 ………………………………（148）

第一节　触电事故 ………………………………………（148）

第二节　火灾事故 ………………………………………（151）

第三节　爆炸事故 ………………………………………（157）

第四节　高处坠落事故 …………………………………（160）

第五节　职业危害事故 …………………………………（163）

第六节　其他事故 ………………………………………（166）

熔化焊接与热切割作业（复训）练习题 ………………（169）

主要参考资料 ……………………………………………（192）

第一章 新法律、新法规、新规范、新标准

第一节 《安全生产法》

《中华人民共和国安全生产法》自 2002 年 11 月 1 日施行以来,对加强和改进安全生产工作起到了重要作用,对于建设有中国特色的安全生产法律体系,使安全生产工作走上法制化轨道,具有十分重大的意义。但随着社会经济的发展,《安全生产法》施行中也出现一些问题,2011 年 7 月 27 日,温家宝总理主持召开第 165 次国务院常务会议,要求加快修订《安全生产法》。

目前,《全国人民代表大会常务委员会关于修改〈中华人民共和国安全生产法〉的决定》已由中华人民共和国第十二届全国人民代表大会常务委员会第十次会议于 2014 年 8 月 31 日通过,自 2014 年 12 月 1 日起施行。修订后的《安全生产法》共有七章,并由原来的 97 条变到 114 条,增加了 17 条,修改了 57 个条款。

从结构、内容来看,修订后的《安全生产法》吸收了国际上的一些很成熟的安全生产的监管经验,平衡了各个方面的利益。突出事故隐患排查治理和事前预防,重点强化了三方面的制度措施:① 强化落实生产经营单位主体责任,解决安全生产责任制、安全生产投入、安全生产管理机构和安全生产管理人员作用发挥等问题、事故隐患排查治理制度等问题;② 强化政府监管,完善监管措施,加大监管力度;③ 强化安全生产责任追究,加重对违法行为特别是对责任人的处罚力度,着力解决如何"重典治乱"的问题。具体包括:

1 坚持以人为本,推进安全发展

新法提出安全生产工作应当以人为本,充分体现了习近平总书记等中央领导同志近一年来关于安全生产工作一系列重要指示

精神,对于坚守发展决不能以牺牲人的生命为代价这条红线,牢固树立以人为本、生命至上的理念,正确处理重大险情和事故应急救援中"保财产"还是"保人命"问题,具有重大意义。为强化安全生产工作的重要地位,明确安全生产在国民经济和社会发展中的重要地位,推进安全生产形势持续稳定好转,新法将坚持安全发展写入了总则。

2 建立完善安全生产方针和工作机制

新法确立了"安全第一、预防为主、综合治理"的安全生产工作"十二字方针",明确了安全生产的重要地位、主体任务和实现安全生产的根本途径。"安全第一"要求从事生产经营活动必须把安全放在首位,不能以牺牲人的生命、健康为代价换取发展和效益。"预防为主"要求把安全生产工作的重心放在预防上,强化隐患排查治理,打非治违,从源头上控制、预防和减少生产安全事故。"综合治理"要求运用行政、经济、法治、科技等多种手段,充分发挥社会、职工、舆论监督各个方面的作用,抓好安全生产工作。坚持"十二字方针",总结实践经验,新法明确要求建立生产经营单位负责、职工参与、政府监管、行业自律、社会监督的机制,进一步明确各方安全生产职责。做好安全生产工作,落实生产经营单位主体责任是根本,职工参与是基础,政府监管是关键,行业自律是发展方向,社会监督是实现预防和减少生产安全事故目标的保障。

3 落实"三个必须",明确安全监管部门执法地位

按照"三个必须"(管业务必须管安全、管行业必须管安全、管生产经营必须管安全)的要求:① 新法规定国务院和县级以上地方人民政府应当建立健全安全生产工作协调机制,及时协调、解决安全生产监督管理中存在的重大问题。② 明确国务院和县级以上地方人民政府安全生产监督管理部门实施综合监督管理,有关部门在各自职责范围内对有关行业、领域的安全生产工作实施监督管理。并将其统称负有安全生产监督管理职责的部门。③ 明确各级安全生产监督管理部门和其他负有安全生产监督管理职责的部门作为执法部门,依法开展安全生产行政执法工作,对生产经

营单位执行法律、法规、国家标准或者行业标准的情况进行监督检查。

4 明确乡镇人民政府以及街道办事处、开发区管理机构安全生产职责

乡镇街道是安全生产工作的重要基础,有必要在立法层面明确其安全生产职责,同时,针对各地经济技术开发区、工业园区的安全监管体制不顺、监管人员配备不足、事故隐患集中、事故多发等突出问题,新法明确:乡、镇人民政府以及街道办事处、开发区管理机构等地方人民政府的派出机关应当按照职责,加强对本行政区域内生产经营单位安全生产状况的监督检查,协助上级人民政府有关部门依法履行安全生产监督管理职责。

5 进一步强化生产经营单位的安全生产主体责任

做好安全生产工作,落实生产经营单位主体责任是根本。新法把明确安全责任、发挥生产经营单位安全生产管理机构和安全生产管理人员作用作为一项重要内容,作出四个方面的重要规定:① 明确委托规定的机构提供安全生产技术、管理服务的,保证安全生产的责任仍然由本单位负责;② 明确生产经营单位的安全生产责任制的内容,规定生产经营单位应当建立相应的机制,加强对安全生产责任制落实情况的监督考核;③ 明确生产经营单位的安全生产管理机构以及安全生产管理人员履行的七项职责;④ 规定矿山、金属冶炼建设项目和用于生产、储存危险物品的建设项目竣工投入生产或者使用前,由建设单位负责组织对安全设施进行验收。

6 建立事故预防和应急救援的制度

新法把加强事前预防和事故应急救援作为一项重要内容:① 生产经营单位必须建立生产安全事故隐患排查治理制度,采取技术、管理措施及时发现并消除事故隐患,并向从业人员通报隐患排查治理情况的制度。② 政府有关部门要建立健全重大事故隐患治理督办制度,督促生产经营单位消除重大事故隐患。③ 对未建立隐患排查治理制度、未采取有效措施消除事故隐患的行为,设

定了严格的行政处罚。④ 赋予负有安全监管职责的部门对拒不执行执法决定、有发生生产安全事故现实危险的生产经营单位依法采取停电、停供民用爆炸物品等措施,强制生产经营单位履行决定。⑤ 国家建立应急救援基地和应急救援队伍,建立全国统一的应急救援信息系统。生产经营单位应当依法制定应急预案并定期演练。参与事故抢救的部门和单位要服从统一指挥,根据事故救援的需要组织采取告知、警戒、疏散等措施。

7 建立安全生产标准化制度

安全生产标准化是在传统的安全质量标准化基础上,根据当前安全生产工作的要求、企业生产工艺特点,借鉴国外现代先进安全管理思想,形成的一套系统的、规范的、科学的安全管理体系。2010 年《国务院关于进一步加强企业安全生产工作的通知》(国发〔2010〕23 号)、2011 年《国务院关于坚持科学发展安全发展促进安全生产形势持续稳定好转的意见》(国发〔2011〕40 号)均对安全生产标准化工作提出了明确的要求。近年来矿山、危险化学品等高危行业企业安全生产标准化取得了显著成效,工贸行业领域的标准化工作正在全面推进,企业本质安全生产水平明显提高。结合多年的实践经验,新法在总则部分明确提出推进安全生产标准化工作,这必将对强化安全生产基础建设,促进企业安全生产水平持续提升产生重大而深远的影响。

8 推行注册安全工程师制度

为解决中小企业安全生产"无人管、不会管"问题,促进安全生产管理人员队伍朝着专业化、职业化方向发展,国家自 2004 年以来连续 10 年实施了全国注册安全工程师执业资格统一考试,21.8 万人取得了资格证书。截至 2013 年 12 月,已有近 15 万人注册并在生产经营单位和安全生产中介服务机构执业。新法确立了注册安全工程师制度,并从两个方面加以推进:一方面是危险物品的生产、储存单位以及矿山、金属冶炼单位应当有注册安全工程师从事安全生产管理工作,鼓励其他生产经营单位聘用注册安全工程师从事安全生产管理工作。另一方面是建立注册安全工程师按专业分类管理制度,授权国务院有关部门制定具体实施办法。

9 推进安全生产责任保险制度

新法总结近年来的试点经验,通过引入保险机制,促进安全生产,规定国家鼓励生产经营单位投保安全生产责任保险。安全生产责任保险具有其他保险所不具备的特殊功能和优势:① 增加事故救援费用和第三人(事故单位从业人员以外的事故受害人)赔付的资金来源,有助于减轻政府负担,维护社会稳定。目前有的地区还提供了一部分资金作为对事故死亡人员家属的补偿。② 有利于现行安全生产经济政策的完善和发展。2005 年起实施的高危行业风险抵押金制度存在缴存标准高、占用资金大、缺乏激励作用等不足,目前湖南、上海等省市已经通过地方立法允许企业自愿选择责任保险或者风险抵押金,受到企业的广泛欢迎。③ 通过保险费率浮动、引进保险公司参与企业安全管理,可以有效促进企业加强安全生产工作。

10 加大对安全生产违法行为的责任追究力度

10.1 规定了事故行政处罚和终身行业禁入

第一,将行政法规的规定上升为法律条文,按照两个责任主体、四个事故等级,设立了对生产经营单位及其主要负责人的八项罚款处罚明文。第二,大幅提高对事故责任单位的罚款金额:一般事故罚款 20 万至 50 万,较大事故 50 万至 100 万,重大事故 100 万至 500 万,特别重大事故 500 万至 1 000 万;特别重大事故的情节特别严重的,罚款 1 000 万至 2 000 万。第三,进一步明确主要负责人对重大、特别重大事故负有责任的,终身不得担任本行业生产经营单位的主要负责人。

10.2 加大罚款处罚力度

结合各地区经济发展水平、企业规模等实际,新法维持罚款下限基本不变、将罚款上限提高了 2～5 倍,并且大多数罚则不再将限期整改作为前置条件。反映了"打非治违"、"重典治乱"的现实需要,强化了对安全生产违法行为的震慑力,也有利于降低执法成本、提高执法效能。

10.3　建立了严重违法行为公告和通报制度

要求负有安全生产监督管理部门建立安全生产违法行为信息库,如实记录生产经营单位的违法行为信息;对违法行为情节严重的生产经营单位,应当向社会公告,并通报行业主管部门、投资主管部门、国土资源主管部门、证券监督管理部门和有关金融机构。

第二节　安全生产方面相关新颁布及新修订的法律法规

1　《中华人民共和国职业病防治法》

新修订的《中华人民共和国职业病防治法》(以下简称《职业病防治法》)由中华人民共和国第十一届全国人民代表大会常务委员会第二十四次会议于2011年12月31日通过公布,自公布之日起施行。其主要内容为:

1.1　职业病的范围

依据《职业病防治法》第二条的规定,职业病是指企业、事业单位和个体经济组织等用人单位的劳动者在职业活动中,因接触粉尘、放射性物质和其他有毒、有害因素而引起的疾病。职业病的分类和目录由国务院卫生行政部门会同国务院安全生产监督管理部门、劳动保障行政部门制定、调整并公布。

《职业病防治法》所称的职业病,并非泛指的职业病,而是由法律作出界定的职业病。由法律授权国务院的卫生行政部门会同安全生产监督管理部门和劳动保障行政部门制定,可以更确切地反映实际情况,根据现实的需要及时地进行调整,既有原则性,又有灵活性。

1.2　职业病防治的基本方针、基本制度

《职业病防治法》的总则部分对职业病防治的基本方针、基本制度作出了规定。这些基本方针、基本制度主要有:

1.2.1　坚持"预防为主、防治结合"的基本方针

这是职业病防治工作中必须坚持的基本方针。它是根据职业病可以预防但是难治这个特点提出来的,是一个对劳动者健康负

责的、积极的、主动的方针。预防可以减少职业病的发生，减轻职业病的危害程度。但是对已经引起的疾病仍要重视治疗，救治病人，减少痛苦。所以预防为主、防治结合是一个全面的方针，概括了职业病防治的基本要求。《职业病防治法》同时规定"建立用人单位负责、行政机关监管、行业自律、职工参与和社会监督的机制，实行分类管理、综合治理"。体现了防、治、管、监的综合治理模式。

1.2.2 用人单位对本单位产生的职业病危害承担责任

由于职业活动是以用人单位为基础组织的，用人单位对其职业活动有支配作用，在职业活动中创造出来的成果首先由用人单位来体现，而职业活动中职业病的危害因素又是用人单位能控制的。所以，对于职业病的防治的主体责任应当是用人单位。《职业病防治法》规定：用人单位的主要负责人对本单位的职业病防治工作全面负责。建立、健全职业病防治责任制，加强对职业病防治的管理，提高职业病防治水平。

1.2.3 劳动者依法享有职业卫生保护的权利

职业卫生保护是劳动者的基本权利，也是制定职业病防治法的前提。劳动者参与职业活动，创造社会财富，有理由要求其健康受到保护。从国家来说，保护劳动者的健康，让劳动者获得一个符合国家职业卫生标准和卫生要求的工作环境和条件，是合理的而且是必要的，有利于社会的发展进步，有利于保障各种合法的职业活动正常进行。因此制定《职业病防治法》，使劳动者享有职业卫生等保护的权利，是这部法律的中心内容。

1.2.4 依法参加工伤社会保险

依法参加工伤社会保险是职业病防治中保护劳动者的一项基本措施。工伤是指劳动者由于工作原因受到事故伤害和职业病伤害的总称，将职业病列入工伤的直接理由就是劳动者是在用人单位中引致的疾病和蒙受的损害。将职业病纳入工伤社会保险，不仅有利于保障职业病病人的合法权益，同时也分担了用人单位的风险，有利于生产经营的稳定。所以在《职业病防治法》中规定了"用人单位必须依法参加工伤保险"。并要求相关部门加强对工伤社会保险的监督管理,确保劳动者依法享受工伤社会保险待遇。

1.2.5 国家实行职业卫生监督制度

《职业病防治法》明确了职业卫生监督制度是由国家实行的制度,对职业卫生实施的监督管理是国家管理职能的体现。有关监督管理的体制、原则、权限、程序、行为规则等在法律上都作出了规定,具有权威性,对社会上有关的各方面都具有约束力。《职业病防治法》第九条规定,各级人民政府安全生产监督管理部门、卫生行政部门、劳动保障行政部门依据各自职责,负责本行政区域内职业病防治的监督管理工作。各有关部门在各自的职责范围内负责职业病防治的有关监督管理工作。

各级人民政府的安全生产监督管理部门、卫生行政部门、劳动保障行政部门应当加强沟通,密切配合,按照各自职责分工,依法行使职权,承担责任。

1.2.6 加强社会监督

由于职业病危害在社会中许多地方都存在,在加强行政部门监督管理的同时,还要依靠社会的力量,尤其是对分散存在于城乡各地的职业病危害的现象,更需要社会各界的监督,鼓励劳动者、知情者、主张社会公正的人进行检举和控告,对违法者施加压力,在社会力量的支持下加大查处力度,所以《职业病防治法》第十三条规定,任何单位和个人有权对违反本法的行为进行检举和控告。有关部门收到相关的检举和控告后,应当及时处理。对防治职业病成绩显著的单位和个人给予奖励。这项规定表明,防治职业病需要全社会的关注,也需要动员和支持社会公众热心地参与防治职业病活动,支持社会中的弱势群体,与损害劳动者健康的违法行为作斗争。

1.3 用人单位在职业病防治方面的职责和职业病的前期预防的规定

1.3.1 用人单位在职业病防治方面的职责

(1)用人单位应当为劳动者创造符合国家职业卫生标准和卫生要求的工作环境和条件,并采取措施保障劳动者获得职业卫生保护。

（2）职业病防治责任制。《职业病防治法》第五条规定,用人单位应当建立、健全职业病防治责任制,加强对职业病防治的管理,提高职业病防治水平,对本单位产生的职业病危害承担责任。第六条规定,用人单位的主要负责人对本单位的职业病防治工作全面负责。

（3）工伤保险。《职业病防治法》第七条规定,用人单位必须依法参加工伤保险。

1.3.2　工作场所的职业卫生要求。《职业病防治法》第十五条规定,产生职业病危害的用人单位的设立除应当符合法律、行政法规规定的设立条件外,其工作场所还应当符合下列职业卫生要求:

（1）职业病危害因素的强度或者浓度符合国家职业卫生标准。

（2）有与职业病危害防护相适应的设施。

（3）生产布局合理,符合有害与无害作业分开的原则。

（4）有配套的更衣间、洗浴间、孕妇休息间等卫生设施。

（5）设备、工具、用具等设施符合保护劳动者生理、心理健康的要求。

（6）法律、行政法规和国务院卫生行政部门、安全生产监督管理部门关于保护劳动者健康的其他要求。

1.4　劳动过程中职业病的防护与管理

1.4.1　职业病防护措施和防护用品

《职业病防治法》第二十三条规定,用人单位必须采用有效的职业病防护设施,并为劳动者提供个人使用的职业病防护用品。

用人单位为劳动者个人提供的职业病防护用品必须符合防治职业病的要求;不符合要求的,不得使用。

同时,第二十四条还规定,用人单位应当优先采用有利于防治职业病和保护劳动者健康的新技术、新工艺、新设备、新材料,逐步替代职业病危害严重的技术、工艺、设备、材料。

1.4.2 用人单位职业病管理

1.4.2.1 职业危害公告和警示

《职业病防治法》第二十五条规定,产生职业病危害的用人单位,应当在醒目位置设置公告栏,公布有关职业病防治的规章制度、操作规程、职业病危害事故应急救援措施和工作场所职业病危害因素检测结果。

对产生严重职业病危害的作业岗位,应当在其醒目位置,设置警示标志和中文警示说明。警示说明应当载明产生职业病危害的种类、后果、预防以及应急救治措施等内容。

第二十六条规定,对可能发生急性职业损伤的有毒、有害工作场所,用人单位应当设置报警装置,配置现场急救用品、冲洗设备、应急撤离通道和必要的泄险区。

对放射工作场所和放射性同位素的运输、贮存,用人单位必须配置防护设备和报警装置,保证接触放射线的工作人员佩戴个人剂量计。

对职业病防护设备、应急救援设施和个人使用的职业病防护用品,用人单位应当进行经常性的维护、检修,定期检测其性能和效果,确保其处于正常状态,不得擅自拆除或者停止使用。

1.4.2.2 职业病危害因素的监测、检测、评价及治理

《职业病防治法》第二十七条规定,用人单位应当实施由专人负责的职业病危害因素日常监测,并确保监测系统处于正常运行状态。

用人单位应当按照国务院安全生产监督管理部门的规定,定期对工作场所进行职业病危害因素检测、评价。检测、评价结果存入用人单位职业卫生档案,定期向所在地安全生产监督管理部门报告并向劳动者公布。

发现工作场所职业病危害因素不符合国家职业卫生标准和卫生要求时,用人单位应当立即采取相应治理措施,仍然达不到国家职业卫生标准和卫生要求的,必须停止存在职业病危害因素的作业;职业病危害因素经治理后,符合国家职业卫生标准和卫生要求

的,方可重新作业。

1.4.2.3　劳动合同的职业病危害内容

《职业病防治法》第三十四条规定,用人单位与劳动者订立劳动合同(含聘用合同,下同)时,应当将工作过程中可能产生的职业病危害及其后果、职业病防护措施和待遇等如实告知劳动者,并在劳动合同中写明,不得隐瞒或者欺骗。

劳动者在已订立劳动合同期间因工作岗位或者工作内容变更,从事与所订立劳动合同中未告知的存在职业病危害的作业时,用人单位应当依照前款规定,向劳动者履行如实告知的义务,并协商变更原劳动合同相关条款。

用人单位违反前两款规定的,劳动者有权拒绝从事存在职业病危害的作业,用人单位不得因此解除与劳动者所订立的劳动合同。

1.4.2.4　职业卫生培训要求

《职业病防治法》第三十五条规定,用人单位的主要负责人和职业卫生管理人员应当接受职业卫生培训,遵守职业病防治法律、法规,依法组织本单位的职业病防治工作。

用人单位应当对劳动者进行上岗前的职业卫生培训和在岗期间的定期职业卫生培训,普及职业卫生知识,督促劳动者遵守职业病防治法律、法规、规章和操作规程,指导劳动者正确使用职业病防护设备和个人使用的职业病防护用品。

劳动者应当学习和掌握相关的职业卫生知识,增强职业病防范意识,遵守职业病防治法律、法规、规章和操作规程,正确使用、维护职业病防护设备和个人使用的职业病防护用品,发现职业病危害事故隐患应当及时报告。

劳动者不履行前款规定义务的,用人单位应当对其进行教育。

1.4.2.5　职业健康检查制度

《职业病防治法》第三十六条规定,对从事接触职业病危害的作业的劳动者,用人单位应当按照国务院安全生产监督管理部门、卫生行政部门的规定组织上岗前、在岗期间和离岗时的职业健康检查,并将检查结果书面告知劳动者。职业健康检查费用由用人单位承担。

用人单位不得安排未经上岗前职业健康检查的劳动者从事接触职业病危害的作业;不得安排有职业禁忌的劳动者从事其所禁忌的作业;对在职业健康检查中发现有与所从事的职业相关的健康损害的劳动者,应当调离原工作岗位,并妥善安置;对未进行离岗前职业健康检查的劳动者不得解除或者终止与其订立的劳动合同。

职业健康检查应当由省级以上人民政府卫生行政部门批准的医疗卫生机构承担。

1.4.2.6 职业健康监护档案

《职业病防治法》第三十七条规定,用人单位应当为劳动者建立职业健康监护档案,并按照规定的期限妥善保存。职业健康监护档案应当包括劳动者的职业史、职业病危害接触史、职业健康检查结果和职业病诊疗等有关个人健康资料。劳动者离开用人单位时,有权索取本人职业健康监护档案复印件,用人单位应当如实、无偿提供,并在所提供的复印件上签章。

1.4.2.7 急性职业病危害事故

《职业病防治法》第三十八条规定,发生或者可能发生急性职业病危害事故时,用人单位应当立即采取应急救援和控制措施,并及时报告所在地安全生产监督管理部门和有关部门。安全生产监督管理部门接到报告后,应当及时会同有关部门组织调查处理;必要时,可以采取临时控制措施。卫生行政部门应当组织做好医疗救治工作。

对遭受或者可能遭受急性职业病危害的劳动者,用人单位应当及时组织救治、进行健康检查和医学观察,所需费用由用人单位承担。

1.4.2.8 对未成年工和女职工劳动保护

《职业病防治法》第三十九条规定,用人单位不得安排未成年工从事接触职业病危害的作业;不得安排孕期、哺乳期的女职工从事对本人和胎儿、婴儿有危害的作业。

1.4.2.9 劳动者享有的职业卫生保护权利

《职业病防治法》第四十条规定,劳动者享有下列职业卫生保护权利:

(1) 获得职业卫生教育、培训;

(2) 获得职业健康检查、职业病诊疗、康复等职业病防治服务;

(3) 了解工作场所产生或者可能产生的职业病危害因素、危害后果和应当采取的职业病防护措施;

(4) 要求用人单位提供符合防治职业病要求的职业病防护设施和个人使用的职业病防护用品,改善工作条件;

(5) 对违反职业病防治法律、法规以及危及生命健康的行为提出批评、检举和控告;

(6) 拒绝违章指挥和强令进行没有职业病防护措施的作业;

(7) 参与用人单位职业卫生工作的民主管理,对职业病防治工作提出意见和建议。

用人单位应当保障劳动者行使前款所列权利。因劳动者依法行使正当权利而降低其工资、福利等待遇或者解除、终止与其订立的劳动合同的,其行为无效。

1.4.2.10 职业病防治费用

《职业病防治法》第四十二条规定,用人单位按照职业病防治要求,用于预防和治理职业病危害、工作场所卫生检测、健康监护和职业卫生培训等费用,按照国家有关规定,在生产成本中据实列支。

1.5 职业病的报告与职业病病人保障

1.5.1 职业病的报告

《职业病防治法》第五十一条规定,用人单位和医疗卫生机构发现职业病病人或者疑似职业病病人时,应当及时向所在地卫生行政部门和安全生产监督管理部门报告。确诊为职业病的,用人单位还应当向所在地劳动保障行政部门报告。接到报告的部门应当依法作出处理。

第五十二条规定,县级以上地方人民政府卫生行政部门负责本行政区域内的职业病统计报告的管理工作,并按照规定上报。

同时,第五十六条还规定,医疗卫生机构发现疑似职业病病人时,应当告知劳动者本人并及时通知用人单位。

用人单位应当及时安排对疑似职业病病人进行诊断;在疑似职业病病人诊断或者医学观察期间,不得解除或者终止与其订立的劳动合同。

疑似职业病病人在诊断、医学观察期间的费用,由用人单位承担。

1.5.2 职业病病人保障

用人单位应当保障职业病病人依法享受国家规定的职业病待遇。按照国家有关规定,安排职业病病人进行治疗、康复和定期检查。对不适宜继续从事原工作的职业病病人,应当调离原岗位,并妥善安置。

用人单位对从事接触职业病危害的作业的劳动者,应当给予适当岗位津贴。

职业病病人的诊疗、康复费用,伤残以及丧失劳动能力的职业病病人的社会保障,按照国家有关工伤保险的规定执行。职业病病人除依法享有工伤保险外,依照有关民事法律,尚有获得赔偿的权利的,有权向用人单位提出赔偿要求。劳动者被诊断患有职业病,但用人单位没有依法参加工伤保险的,其医疗和生活保障由该用人单位承担。职业病病人变动工作单位,其依法享有的待遇不变。

用人单位在发生分立、合并、解散、破产等情形时,应当对从事接触职业病危害的作业的劳动者进行健康检查,并按照国家有关规定妥善安置职业病病人。

《职业病防治法》第六十二条规定,用人单位已经不存在或者无法确认劳动关系的职业病病人,可以向地方人民政府民政部门申请医疗救助和生活等方面的救助。

地方各级人民政府应当根据本地区的实际情况,采取其他措施,使前款规定的职业病病人获得医疗救治。

1.6　职业病防治监督检查的规定

《职业病防治法》第六十三条规定,县级以上人民政府职业卫生监督管理部门依照职业病防治法律、法规、国家职业卫生标准和卫生要求,依据职责划分,对职业病防治工作进行监督检查。

安全生产监督管理部门履行监督检查职责时,有权采取下列措施:

1.6.1　进入被检查单位和职业病危害现场,了解情况,调查取证。

1.6.2　查阅或者复制与违反职业病防治法律、法规的行为有关的资料和采集样品。

1.6.3　责令违反职业病防治法律、法规的单位和个人停止违法行为。

1.7　用人单位职业病防治违法行为应负的法律责任

《职业病防治法》第七十条、七十一条、七十二条、七十三条、七十四条、七十六条、七十八条、八十条、八十一条规定,用人单位有违反本法规定的行为,分别给予警告、责令限期改正、罚款、责令停止产生职业病危害的作业、提请有关人民政府按照国务院规定的权限责令停建、关闭等行政处罚。

用人单位违反本法规定,造成重大职业病危害事故或者其他严重后果,构成犯罪的,对直接负责的主管人员和其他直接责任人员,依法追究刑事责任。

2　《职业病分类和目录》调整解读

2.1　为什么要调整职业病分类和目录?

1957 年我国首次发布了《关于试行"职业病范围和职业病患者处理办法"的规定》,将职业病确定为 14 种,1987 年对其进行调整,增加到 9 类 99 种。2002 年,为配合《职业病防治法》的实施,原卫生部联合原劳动保障部发布了《职业病目录》,将职业病增加到 10 类 115 种。

近年来,随着我国经济快速发展,新技术、新材料、新工艺的广泛应用,以及新的职业、工种和劳动方式不断产生,劳动者在职业活动中接触的职业病危害因素更为多样、复杂。不少地方、部门和劳动者反映现行《职业病目录》历时 10 余年,已不能完全反映当前职业病现状,有必要进行适当调整。2011 年 12 月 31 日,第十一届全国人民代表大会常务委员会第二十四次会议审议通过了《关于修改〈中华人民共和国职业病防治法〉的决定》,其中规定"职业病的分类和目录由国务院卫生行政部门会同国务院安全生产监督管理部门、劳动保障行政部门制定、调整并发布。工会组织依法对职业病防治工作进行监督,维护劳动者的合法权益"。根据《职业病防治法》的有关规定,为切实保障劳动者健康及其相关权益,国家卫生计生委、国家安全监管总局、人力资源社会保障部和全国总工会联合对《职业病分类和目录》进行了调整。

2.2 为什么本次调整将《职业病目录》改为《职业病分类和目录》?

2002 年,原卫生部联合原劳动保障部发布了《职业病目录》,将职业病增加到 10 类 115 种,与 1987 年职业病分类比较,增加 1 类,即将职业性放射性疾病从物理因素所致疾病分类中提出,单独分为一类。本次《职业病分类和目录》调整,仍然将职业病分为 10 类,但对 3 类的分类名称做了调整。为了保持与《职业病防治法》中关于职业病分类和目录的表述一致,将原《职业病目录》修改为《职业病分类和目录》。

2.3 《职业病分类和目录》是怎样调整的?

根据《职业病防治法》,2012 年 1 月,国家卫生计生委会同国家安全监管总局、人力资源社会保障部和全国总工会启动了《职业病分类和目录》调整工作,成立了调整工作领导小组、工作组和技术组,明确了工作机制、调整原则和职业病遴选原则。技术组在问卷调查、现状分析以及收集国际组织和其他国家做法的基础上,召开三次专家会议,提出了基本框架、拟新增的职业病名单及依据。在此基础上,工作组召开三次工作组会议和一次专家扩大会议,广泛听取相关部门和专家意见,于 2012 年 12 月 7 日形成了《职业病分类和目录(草稿)》。经领导小组全体会议审议通过后,2013 年 1 月 14 日向各地、各有关部门和社会公开征求意见。2013 年 3 月 22 日,工作组召开第四次会议重点研究讨论各地、各有关部门和社会反映的意见,并深入企业调查研究,充分沟通协商,最后达成共识并联合印发了《职业病分类和目录》。

2.4 《职业病分类和目录》调整的原则是什么?

《职业病分类和目录》的调整遵循以下原则:

(1)坚持以人为本,以维护劳动者健康及其相关权益为宗旨。

(2)结合我国职业病防治工作的实际,突出重点职业病种。

(3)与我国现阶段经济社会发展水平和工伤保险承受能力相适应。

(4)保持《职业病分类和目录》的连续性和可操作性。

(5)建立《职业病分类和目录》动态调整的工作机制。

(6)公开、透明,充分听取各方面的意见。

2.5 职业病的遴选原则是什么?

职业病是指企业、事业单位和个体经济组织等用人单位的劳动者在职业活动中,因接触粉尘、放射性物质和其他有毒、有害因素而引起的疾病。职业病的遴选遵循以下原则:

(1)有明确的因果关系或剂量反应关系。

(2)有一定数量的暴露人群。

(3)有可靠的医学认定方法。

(4)通过限定条件可明确界定职业人群和非职业人群。

(5)患者为职业人群,即存在特异性。

2.6 职业病病种做了哪些调整?

根据《职业病分类和目录》调整的原则和职业病的遴选原则,修订后的《职业病分类和目录》由原来的 115 种职业病调整为 132 种(含 4 项开放性条款)。其中新增 18 种,对 2 项开放性条款进行了整合。另外,对 16 种职业病的名称进行了调整。《职业病分类和目录》调整后变化详见附表。

2.7　职业病分类做了哪些调整？

调整后仍然将职业病分为 10 类，其中 3 类的分类名称做了调整。一是将原"尘肺"与"其他职业病"中的呼吸系统疾病合并为"职业性尘肺病及其他呼吸系统疾病"；二是将原"职业中毒"修改为"职业性化学中毒"；三是将"生物因素所致职业病"修改为"职业性传染病"。

2.8　职业性尘肺病及其他呼吸系统疾病做了哪些调整？

在职业性尘肺病中，将"尘肺"修改为"尘肺病"。在职业性其他呼吸系统疾病中，一是增加刺激性化学物所致慢性阻塞性肺疾病、金属及其化合物粉尘肺沉着病（锡、铁、锑、钡及其化合物）和硬金属肺病；二是将"变态反应性肺泡炎"修改为"过敏性肺炎"。

2.9　职业性皮肤病、眼病及耳鼻喉口腔疾病做了哪些调整？

在职业性皮肤病分类中，一是增加 1 种职业病：白斑；二是将"光敏性皮炎"修改为"光接触性皮炎"。职业性眼病分类未作调整。在职业性耳鼻喉口腔疾病分类中，增加 1 种职业病：爆震聋。

2.10　职业性化学中毒做了哪些调整？

职业性化学中毒分类，一是增加 5 种职业病，分别是铟及其化合物中毒、溴丙烷中毒、碘甲烷中毒、氯乙酸中毒和环氧乙烷中毒；二是将"铀中毒"修改为"铀及其化合物中毒"，将"工业性氟病"修改为"氟及其无机化合物中毒"，将"有机磷农药中毒"修改为"有机磷中毒"，将"氨基甲酸酯类农药中毒"修改为"氨基甲酸酯类中毒"，将"拟除虫菊酯类农药中毒"修改为"拟除虫菊酯类中毒"；三是将"根据《职业性急性化学物中毒诊断标准（总则）》可以诊断的其他职业性急性中毒"和"根据《职业性中毒性肝病诊断标准》可以诊断的职业性中毒性肝病"两个开放性条款进行整合，修改为"上述条目未提的与职业有害因素接触之间存在直接因果联系的其他化学中毒"。

2.11　物理因素所致职业病及职业性放射性疾病分别做了哪些调整？

物理因素所致职业病分类，增加 2 种职业病，分别是"激光所致眼(角膜、晶状体、视网膜)损伤"和"冻伤"。职业性放射性疾病分类,扩大放射性肿瘤范围,将"矿工高氡暴露所致肺癌"列入放射性肿瘤范围。

2.12 职业性传染病做了哪些调整?

职业性传染病分类,一是增加 2 种职业病:"艾滋病(限于医疗卫生人员及人民警察)"和"莱姆病";二是将"布氏杆菌病"修改为"布鲁氏菌病"。

艾滋病(限于医疗卫生人员及人民警察)是指医疗卫生人员及人民警察在职业活动或者执行公务中,被艾滋病病毒感染者或病人的血液、体液,或携带艾滋病病毒的生物样本,或废弃物污染了皮肤或者黏膜,或者被含有艾滋病病毒的血液、体液污染了的医疗器械或其他锐器刺破皮肤感染的艾滋病。

莱姆病是一种主要通过蜱叮咬,由伯氏疏螺旋体引起的慢性自然疫源性疾病,多发生在林区,且发病区域很广。长期在林区工作者,受蜱叮咬后感染和发病概率较高。

2.13 职业性肿瘤做了哪些调整?

职业性肿瘤分类,一是增加 3 种职业病,分别是"毛沸石所致肺癌、胸膜间皮瘤","煤焦油、煤焦油沥青、石油沥青所致皮肤癌","β-萘胺所致膀胱癌";二是将"氯甲醚所致肺癌"修改为"氯甲醚、双氯甲醚所致肺癌",将"砷所致肺癌"修改为"砷及其化合物所致肺癌、皮肤癌",将"焦炉工人肺癌"修改为"焦炉逸散物所致肺癌",将"铬酸盐制造业工人肺癌"修改为"六价铬化合物所致肺癌"。

2.14 其他职业病做了哪些调整?

在其他职业病中,一是将"煤矿井下工人滑囊炎"修改为"滑囊炎(限于井下工人)";二是增加"股静脉血栓综合征、股动脉闭塞症或淋巴管闭塞症(限于刮研作业人员)"。

《职业病分类和目录》调整前,滑囊炎的职业人群限定为煤矿井下工人,现在修改为井下工人,扩大了职业人群范围。

手工刮研作业在机床生产、精密加工和维修中十分普遍,具有一定暴露人群。由于刮研作业长期压迫,一些劳动者出现股静脉血栓、股动脉闭塞或淋巴管闭塞的症状。为此,国家卫生计生委、人力资源社会保障部、国家安全监管总局、全国总工会等部门组织中国疾病预防控制中心相关专家,深入企业调研,经反复研究论证,一致同意将刮研作业局部压迫所致股静脉血栓综合征、股动脉闭塞症或淋巴管闭塞症列入《职业病分类和目录》。

2.15 这次《职业病分类和目录》调整,主要涉及哪些人群?

本次《职业病分类和目录》调整倾向生产一线作业人员。例如煤炭、冶金、有色金属、化工、林业、建材、机械加工行业作业人员,另外,还涉及低温作业人员、医疗卫生人员和人民警察等。

2.16 根据《职业病诊断鉴定管理办法》及《职业病分类和目录》确诊的职业病人享受什么待遇?

劳动者被诊断为职业病,依照《职业病防治法》和《工伤保险条例》的规定,享受相应待遇。所在单位参加了工伤保险的,分别由工伤保险基金和用人单位支付相应待遇;未参加工伤保险的,其待遇由用人单位支付。

用人单位不存在或者无法确认劳动关系的职业病病人,可以向地方人民政府申请医疗救助和生活等方面的救助。

附表 《职业病分类和目录》(2013 年 12 月调整)

一、职业性尘肺病及其他呼吸系统疾病

(一)尘肺病

1. 矽肺

2. 煤工尘肺

3. 石墨尘肺

4. 碳黑尘肺

5. 石棉肺

6. 滑石尘肺

7. 水泥尘肺

8. 云母尘肺

9. 陶工尘肺

10. 铝尘肺

11. 电焊工尘肺

12. 铸工尘肺

13. 根据《尘肺病诊断标准》和《尘肺病理诊断标准》可以诊断的其他尘肺病

（二）其他呼吸系统疾病

1. 过敏性肺炎

2. 棉尘病

3. 哮喘

4. 金属及其化合物粉尘肺沉着病（锡、铁、锑、钡及其化合物等）

5. 刺激性化学物所致慢性阻塞性肺疾病

6. 硬金属肺病

二、职业性皮肤病

1. 接触性皮炎

2. 光接触性皮炎

3. 电光性皮炎

4. 黑变病

5. 痤疮

6. 溃疡

7. 化学性皮肤灼伤

8. 白斑

9. 根据《职业性皮肤病的诊断总则》可以诊断的其他职业性皮肤病

三、职业性眼病

1. 化学性眼部灼伤

2. 电光性眼炎

3. 白内障（含放射性白内障、三硝基甲苯白内障）

四、职业性耳鼻喉口腔疾病

1. 噪声聋

2. 铬鼻病

3. 牙酸蚀病

4. 爆震聋

五、职业性化学中毒

1. 铅及其化合物中毒（不包括四乙基铅）

2. 汞及其化合物中毒

3. 锰及其化合物中毒

4. 镉及其化合物中毒

5. 铍病

6. 铊及其化合物中毒

7. 钡及其化合物中毒

8. 钒及其化合物中毒

9. 磷及其化合物中毒

10. 砷及其化合物中毒

11. 铀及其化合物中毒

12. 砷化氢中毒

13. 氯气中毒

14. 二氧化硫中毒

15. 光气中毒

16. 氨中毒

17. 偏二甲基肼中毒

18. 氮氧化合物中毒

19. 一氧化碳中毒

20. 二硫化碳中毒

21. 硫化氢中毒

22. 磷化氢、磷化锌、磷化铝中毒

23. 氟及其无机化合物中毒

24. 氰及腈类化合物中毒

25. 四乙基铅中毒

26. 有机锡中毒

27. 羰基镍中毒

28. 苯中毒

29. 甲苯中毒

30. 二甲苯中毒

31. 正己烷中毒

32. 汽油中毒

33. 一甲胺中毒

34. 有机氟聚合物单体及其热裂解物中毒

35. 二氯乙烷中毒

36. 四氯化碳中毒

37. 氯乙烯中毒

38. 三氯乙烯中毒

39. 氯丙烯中毒

40. 氯丁二烯中毒

41. 苯的氨基及硝基化合物(不包括三硝基甲苯)中毒

42. 三硝基甲苯中毒

43. 甲醇中毒

44. 酚中毒

45. 五氯酚(钠)中毒

46. 甲醛中毒

47. 硫酸二甲酯中毒

48. 丙烯酰胺中毒

49. 二甲基甲酰胺中毒

50. 有机磷中毒

51. 氨基甲酸酯类中毒

52. 杀虫脒中毒

53. 溴甲烷中毒

54. 拟除虫菊酯类中毒

55. 铟及其化合物中毒

56. 溴丙烷中毒

57. 碘甲烷中毒

58. 氯乙酸中毒

59. 环氧乙烷中毒

60. 上述条目未提及的与职业有害因素接触之间存在直接因果联系的其他化学中毒

六、物理因素所致职业病

1. 中暑

2. 减压病

3. 高原病

4. 航空病

5. 手臂振动病

6. 激光所致眼（角膜、晶状体、视网膜）损伤

7. 冻伤

七、职业性放射性疾病

1. 外照射急性放射病

2. 外照射亚急性放射病

3. 外照射慢性放射病

4. 内照射放射病

5. 放射性皮肤疾病

6. 放射性肿瘤（含矿工高氡暴露所致肺癌）

7. 放射性骨损伤

8. 放射性甲状腺疾病

9. 放射性性腺疾病

10. 放射复合伤

11. 根据《职业性放射性疾病诊断标准（总则）》可以诊断的其他放射性损伤

八、职业性传染病

1. 炭疽

2. 森林脑炎

3. 布鲁氏菌病

4. 艾滋病（限于医疗卫生人员及人民警察）

5. 莱姆病

九、职业性肿瘤

1.石棉所致肺癌、间皮瘤

2.联苯胺所致膀胱癌

3.苯所致白血病

4.氯甲醚、双氯甲醚所致肺癌

5.砷及其化合物所致肺癌、皮肤癌

6.氯乙烯所致肝血管肉瘤

7.焦炉逸散物所致肺癌

8.六价铬化合物所致肺癌

9.毛沸石所致肺癌、胸膜间皮瘤

10.煤焦油、煤焦油沥青、石油沥青所致皮肤癌

11.β-萘胺所致膀胱癌

十、其他职业病

1.金属烟热

2.滑囊炎(限于井下工人)

3.股静脉血栓综合征、股动脉闭塞症或淋巴管闭塞症(限于刮研作业人员)

3 《生产经营单位安全培训规定》

2006年1月17日,国家安全生产监督管理总局公布《生产经营单位安全培训规定》(总局令第3号),自2006年3月1日起施行。《生产经营单位安全培训规定》的制定目的是为了加强和规范生产经营单位安全培训工作,提高从业人员安全素质,防范伤亡事故,减轻职业危害。

3.1 《生产经营单位安全培训规定》的基本要求

3.1.1 《生产经营单位安全培训规定》的适用范围

《生产经营单位安全培训规定》规定:"工矿商贸生产经营单位(以下简称生产经营单位)从业人员的安全培训,适用本规定"。工矿商贸生产经营单位通常指工业、矿业、商业和贸易领域从事生产、经营活动的单位,这些单位从业人员应当按照《生产经营单位安全培训规定》的要求进行安全培训。除此以外,其他生产经营单

位从业人员的安全培训不适用。这里所指的单位包括各种所有制的企业或者经济组织,也包括自然人。

3.1.2　生产经营单位的职责

从业人员的安全培训是生产经营单位自身的职责。生产经营单位应当建立健全安全培训制度,加强对从业人员的安全培训,提高从业人员安全素质和技能,从而促进安全生产。为此,《生产经营单位安全培训规定》规定:"生产经营单位负责本单位从业人员安全培训工作。生产经营单位应当按照安全生产法和有关法律、行政法规和本规定,建立健全安全培训工作制度"。

3.1.3　从业人员的范围及安全培训要求

《生产经营单位安全培训规定》规定:"生产经营单位应当进行安全培训的从业人员包括主要负责人、安全生产管理人员、特种作业人员和其他从业人员。生产经营单位从业人员应当接受安全培训,熟悉有关安全生产规章制度和安全操作规程,具备必要的安全生产知识,掌握本岗位的安全操作技能,增强预防事故、控制职业危害和应急处理的能力。未经安全生产培训合格的从业人员,不得上岗作业"。依据规定,从业人员是指生产经营单位的全体人员,包括主要负责人、安全生产管理人员、特种作业人员和其他从业人员。

法律对不同从业人员的安全培训要求是不一样的:

(1)对从业人员的基本要求:熟悉有关安全生产规章制度和安全操作规程,具备必要的安全生产知识,掌握本岗位的安全操作技能,增强预防事故、控制职业危害和应急处理的能力。

(2)对主要负责人、安全生产管理人员的要求:高危行业与其他行业有不同的要求,煤矿等高危行业的主要负责人、安全生产管理人员必须取得相应的安全资格证书,方可任职上岗;其他行业的主要负责人、安全生产管理人员也要经过相应的安全培训。

(3)特种作业人员必须取得专门安全培训,考核合格取得操作资格证书方可上岗作业。

依据《生产经营单位安全培训规定》第三十三条规定,生产经营单位主要负责人是指有限责任公司或者股份有限公司的董事长、总经理,其他生产经营单位的厂长、经理、(矿务局)局长、矿长(含实际控制人)等。生产经营单位安全生产管理人员是指生产经营单位分管安全生产的负责人、安全生产管理机构负责人及其管理人员,以及未设安全生产管理机构的生产经营单位专、兼职安全生产管理人员等。生产经营单位其他从业人员是指除主要负责人、安全生产管理人员和特种作业人员以外,该单位从事生产经营活动的所有人员,包括其他负责人、其他管理人员、技术人员和各岗位的工人以及临时聘用的人员。

3.2 安全培训的监督管理部门及职责

国家对安全培训实行的是"综合监管、专项监管"、"分级负责、属地监管"相结合的监督管理体制。《生产经营单位安全培训规定》规定:"国家安全生产监督管理总局指导全国安全培训工作,依法对全国的安全培训工作实施监督管理。国务院有关主管部门按照各自职责指导监督本行业安全培训工作,并按照本规定制定实施办法。国家煤矿安全监察局指导监督检查全国煤矿安全培训工作。各级安全生产监督管理部门和煤矿安全监察机构(以下简称安全生产监管监察部门)按照各自的职责,依法对生产经营单位的安全培训工作实施监督管理"。

3.3 安全培训的实施

3.3.1 新工人上岗培训要求

3.3.1.1 高危行业新工人上岗

《生产经营单位安全培训规定》第十三条规定:煤矿、非煤矿山、危险化学品、烟花爆竹等生产经营单位必须对新上岗的临时工、合同工、劳务工、轮换工、协议工等进行强制性安全培训,保证其具备本岗位安全操作、自救互救以及应急处置所需的知识和技能后,方能安排上岗作业。

3.3.1.2 其他行业新工人上岗

《生产经营单位安全培训规定》第十四条规定:加工、制造业等生产单位的其他从业人员,在上岗前必须经过厂(矿)、车间(工段、区、队)、班组三级安全培训教育。生产经营单位可以根据工作性质对其他从业人员进行安全培训,保证其具备本岗位安全操作、应急处置等知识和技能。

3.3.2 安全培训时间

《生产经营单位安全培训规定》第十五条规定:生产经营单位新上岗的从业人员,岗前培训时间不得少于24学时。煤矿、非煤矿山、危险化学品、烟花爆竹等生产经营单位新上岗的从业人员安全培训时间不得少于72学时,每年接受再培训的时间不得少于20学时。

3.3.3 厂(矿)级岗前安全培训内容

依据《生产经营单位安全培训规定》第十六条规定,厂(矿)级岗前安全培训内容应当包括:

(1) 本单位安全生产情况及安全生产基本知识;

(2) 本单位安全生产规章制度和劳动纪律;

(3) 从业人员安全生产权利和义务;

(4) 有关事故案例等。

煤矿、非煤矿山、危险化学品、烟花爆竹等生产经营单位厂(矿)级安全培训除包括上述内容外,应当增加事故应急救援、事故应急预案演练及防范措施等内容。

3.3.4 车间(工段、区、队)级岗前安全培训内容

依据《生产经营单位安全培训规定》第十七条规定,车间(工段、区、队)级岗前安全培训内容包括:

(1) 工作环境及危险因素;

(2) 所从事工种可能遭受的职业伤害和伤亡事故;

(3) 所从事工种的安全职责、操作技能及强制性标准;

(4) 自救互救、急救方法、疏散和现场紧急情况的处理;

(5) 安全设备设施、个人防护用品的使用和维护;

(6) 本车间(工段、区、队)安全生产状况及规章制度;

(7) 预防事故和职业危害的措施及应注意的安全事项;

(8) 有关事故案例;

（9）其他需要培训的内容。

3.3.5 班组级岗前安全培训内容

依据《生产经营单位安全培训规定》第十八条规定，班组级岗前安全培训内容包括：

（1）岗位安全操作规程；

（2）岗位之间工作衔接配合的安全与职业卫生事项；

（3）有关事故案例；

（4）其他需要培训的内容。

3.3.6 重新上岗培训要求

从业人员调整工作岗位，或者离岗一年以上重新上岗，必须进行相应的安全培训。生产经营单位采用新工艺、新技术、新材料，也必须对相应的从业人员进行专门安全培训。为此，《生产经营单位安全培训规定》第十九条规定：从业人员在本生产经营单位内调整工作岗位或离岗一年以上重新上岗时，应当重新接受车间（工段、区、队）和班组级的安全培训。生产经营单位实施新工艺、新技术或者使用新设备、新材料时，应当对有关从业人员重新进行有针对性的安全培训。

3.3.7 特种作业人员培训

对于特种作业人员的培训和考核管理，国家专门制定了《特种作业人员安全技术培训考核管理规定》。因此，《生产经营单位安全培训规定》第二十条规定：生产经营单位的特种作业人员，必须按照国家有关法律、法规的规定接受专门的安全培训，经考核合格，取得特种作业操作资格证书后，方可上岗作业。特种作业人员的范围和培训考核管理办法，另行规定。这是一条衔接性规定。

3.4 生产经营单位安全培训的职责

《生产经营单位安全培训规定》从四方面对生产经营单位安全培训的职责进行了规定：

3.4.1 具备安全培训条件的生产经营单位，应当以自主培训为主；可以委托具有相应资质的安全培训机构，对从业人员进行安全培训。不具备安全培训条件的生产经营单位，应当委托具有相

应资质的安全培训机构,对从业人员进行安全培训。

3.4.2 生产经营单位应当将安全培训工作纳入本单位年度工作计划。保证本单位安全培训工作所需资金。

3.4.3 生产经营单位应建立健全从业人员安全培训档案,详细、准确记录培训考核情况。

3.4.4 生产经营单位安排从业人员进行安全培训期间,应当支付工资和必要的费用。

3.5 安全培训的监督管理

3.5.1 监管监察部门的监督检查

依据《生产经营单位安全培训规定》,安全生产监管监察部门要依法对生产经营单位安全培训情况进行监督检查,督促生产经营单位按照国家有关法律法规和《生产经营单位安全培训规定》的要求开展安全培训工作。县级以上地方人民政府负责煤矿安全生产监督管理的部门要对煤矿井下作业人员的安全培训情况进行监督检查。煤矿安全监察机构要对煤矿特种作业人员安全培训及其持证上岗的情况进行监督检查。

3.5.2 监督检查的内容

依据《生产经营单位安全培训规定》第二十七条规定,各级安全生产监管监察部门对生产经营单位安全培训及其持证上岗的情况进行监督检查,主要包括以下内容:

(1)安全培训制度、计划的制订及其实施的情况;

(2)煤矿、非煤矿山、危险化学品、烟花爆竹等生产经营单位主要负责人和安全生产管理人员安全资格证持证上岗的情况;其他生产经营单位主要负责人和安全生产管理人员培训的情况;

(3)特种作业人员操作资格证持证上岗的情况;

(4)建立安全培训档案的情况;

(5)其他需要检查的内容。

3.6 法律责任

3.6.1 生产经营单位未履行安全培训职责的处罚

依据《生产经营单位安全培训规定》第二十九条规定,生产经

营单位有下列行为之一的,由安全生产监管监察部门责令其限期改正,并处 2 万元以下的罚款:

(1) 未将安全培训工作纳入本单位工作计划并保证安全培训工作所需资金的;

(2) 未建立健全从业人员安全培训档案的;

(3) 从业人员进行安全培训期间未支付工资并承担安全培训费用的。

3.6.2　生产经营单位从业人员未按规定进行安全培训的处罚

依据《生产经营单位安全培训规定》第三十条规定,生产经营单位有下列行为之一的,由安全生产监管监察部门责令其限期改正;逾期未改正的,责令停产停业整顿,并处 2 万元以下的罚款:

(1) 煤矿、非煤矿山、危险化学品、烟花爆竹等生产经营单位主要负责人和安全管理人员未按本规定经考核合格的。

(2) 非煤矿山、危险化学品、烟花爆竹等生产经营单位未按照本规定对其他从业人员进行安全培训的。

(3) 非煤矿山、危险化学品、烟花爆竹等生产经营单位未如实告知从业人员有关安全生产事项的。

(4) 生产经营单位特种作业人员未按照规定经专门的安全技术培训并取得特种作业人员操作资格证书,上岗作业的。

县级以上地方人民政府负责煤矿安全生产监督管理的部门发现煤矿未按照本规定对井下作业人员进行安全培训的,责令限期改正,处 10 万元以上 50 万元以下的罚款;逾期未改正的,责令停产停业整顿。

煤矿安全监察机构发现煤矿特种作业人员无证上岗作业的,责令限期改正,处 10 万元以上 50 万元以下的罚款;逾期未改正的,责令停产停业整顿。

3.6.3　弄虚作假记录档案及证书的处罚

依据《生产经营单位安全培训规定》第三十一条规定,生产经营单位编造安全培训记录、档案,或者骗取安全资格证书的,由安全生产监管监察部门给予警告,吊销安全资格证书,并处 3 万元以下的罚款。

4 《安全生产培训管理办法》

　　为进一步规范和加强安全生产培训管理,促进安全生产培训工作健康发展,总局对《安全生产培训管理办法》(原国家局令第20号,以下简称《办法》)进行了修订。新修订的《安全生产培训管理办法》(国家安全生产监督管理总局令第44号)经2011年12月31日国家安全生产监督管理总局局长办公会议审议通过,自2012年3月1日起施行。

　　4.1　适用范围

　　《办法》第二条规定,安全培训机构、生产经营单位从事安全生产培训(以下简称安全培训)活动以及安全生产监督管理部门、煤矿安全监察机构、地方人民政府负责煤矿安全培训的部门对安全培训工作实施监督管理,适用本办法。

　　4.2　生产经营单位培训对象

　　《办法》第三条规定,生产经营单位从业人员是接受安全培训教育的重要群体之一,主要指生产经营单位主要负责人、安全生产管理人员、特种作业人员及其他从业人员、注册安全工程师、安全生产应急救援人员等。

　　4.3　安全培训工作的指导原则

　　统一规划、归口管理、分级实施、分类指导、教考分离。

　　4.4　安全培训机构

　　《办法》第五条规定,从事安全培训活动的机构,应当具备从事安全培训工作所需的条件。

　　4.5　安全培训工作的监管

　　《办法》第十九条规定,国家安监机构负责安全培训工作的监管。

　　国家安全监管总局负责省级以上安全生产监督管理部门的安全生产监管人员、各级煤矿安全监察机构的煤矿安全监察人员的培训工作;组织、指导和监督中央企业总公司、总厂或者集团公司的主要负责人和安全生产管理人员的培训工作。

省级安全生产监督管理部门负责市级、县级安全生产监督管理部门的安全生产监管人员的培训工作；组织、指导和监督省属生产经营单位、所辖区域内中央企业的分公司和子公司及其所属单位的主要负责人和安全生产管理人员的培训工作；组织、指导和监督特种作业人员的培训工作。

市级、县级安全生产监督管理部门组织、指导和监督本行政区域内除中央企业、省属生产经营单位以外的其他生产经营单位的主要负责人和安全生产管理人员的安全培训工作。

4.6 生产经营单位安全培训的管理

《办法》第二十条规定,生产经营单位应当建立安全培训管理制度,保障从业人员安全培训所需经费,对从业人员进行与其所从事岗位相应的安全教育培训；从业人员调整工作岗位或者采用新工艺、新技术、新设备、新材料的,应当对其进行专门的安全教育和培训。未经安全教育和培训合格的从业人员,不得上岗作业。从业人员安全培训情况,生产经营单位应当建档备查。

4.7 安全培训的分工

生产经营单位从业人员的培训内容和培训时间,应当符合《生产经营单位安全培训规定》和有关标准的规定。

4.8 重新培训制度

《办法》第二十二条规定,中央企业的分公司、子公司及其所属单位和其他生产经营单位,发生造成人员死亡的生产安全事故的,其主要负责人和安全生产管理人员应当重新参加安全培训。特种作业人员对造成人员死亡的生产安全事故负有直接责任的,应当按照《特种作业人员安全技术培训考核管理规定》重新参加安全培训。

4.9 师傅带徒弟制度

《办法》第二十三条规定,国家鼓励生产经营单位实行师傅带徒弟制度。矿山新招的井下作业人员和危险物品生产经营单位新招的危险工艺操作岗位人员,除按照规定进行安全培训外,还应当在有经验的职工带领下实习满 2 个月后,方可独立上岗作业。

4.10　免予培训制度

《办法》第二十四条规定,国家鼓励生产经营单位招录职业院校毕业生。职业院校毕业生从事与所学专业相关的作业,可以免予参加初次培训,实际操作培训除外。

4.11　安全培训考核的原则

《办法》第二十八条规定,安全监管监察人员、从事安全生产工作的相关人员、依照有关法律法规应当取得安全资格证的生产经营单位主要负责人和安全生产管理人员、特种作业人员的安全培训的考核,应当坚持教考分离、统一标准、统一题库、分级负责的原则,分步推行有远程视频监视的计算机考试。

4.12　安全培训考核的管理

《办法》第三十、三十一条规定,国家安全监管总局负责省级以上安全生产监督管理部门的安全生产监管人员、各级煤矿安全监察机构的煤矿安全监察人员的考核;负责中央企业的总公司、总厂或者集团公司的主要负责人和安全生产管理人员的考核。省级安全生产监督管理部门负责市级、县级安全生产监督管理部门的安全生产监管人员的考核;负责省属生产经营单位和中央企业分公司、子公司及其所属单位的主要负责人和安全生产管理人员的考核;负责特种作业人员的考核。市级安全生产监督管理部门负责本行政区域内除中央企业、省属生产经营单位以外的其他生产经营单位的主要负责人和安全生产管理人员的考核。

省级煤矿安全培训监管机构负责所辖区域内煤矿企业的主要负责人、安全生产管理人员和特种作业人员的考核。

除主要负责人、安全生产管理人员、特种作业人员以外的生产经营单位的其他从业人员的考核,由生产经营单位按照省级安全生产监督管理部门公布的考核标准,自行组织考核。

安全生产监督管理部门、煤矿安全培训监管机构和生产经营单位应当制定安全培训的考核制度,建立考核管理档案备查。

4.13　安全培训的发证

《办法》第三十三条规定,安全生产监管人员经考核合格后,颁发安全生产监管执法证;煤矿安全监察人员经考核合格后,颁发煤矿安全监察执法证;危险物品的生产、经营、储存单位和矿山企业主要负责人、安全生产管理人员经考核合格后,颁发安全资格证;特种作业人员经考核合格后,颁发《中华人民共和国特种作业操作证》(以下简称特种作业操作证);危险化学品登记机构的登记人员经考核合格后,颁发上岗证;其他人员经培训合格后,颁发培训合格证。

4.14 安全培训证书的有效期

安全生产监管执法证、煤矿安全监察执法证、安全资格证的有效期为 3 年。有效期届满需要延期的,应当于有效期届满 30 日前向原发证部门申请办理延期手续。

特种作业人员的考核发证按照《特种作业人员安全技术培训考核管理规定》执行。

特种作业操作证和省级安全生产监督管理部门、省级煤矿安全培训监管机构颁发的主要负责人、安全生产管理人员的安全资格证,在全国范围内有效。

4.15 安全培训的监督检查

《办法》第四十一条规定,安全生产监督管理部门、煤矿安全培训监管机构应当对生产经营单位的安全培训情况进行监督检查,检查内容包括:

(1)安全培训制度、年度培训计划、安全培训管理档案的制定和实施的情况;

(2)安全培训经费投入和使用的情况;

(3)主要负责人、安全生产管理人员和特种作业人员安全培训和持证上岗的情况;

(4)应用新工艺、新技术、新材料、新设备以及转岗前对从业人员安全培训的情况;

(5)其他从业人员安全培训的情况;

(6)法律法规规定的其他内容。

4.16 安全培训的法律责任

《办法》第四十九条规定,生产经营单位主要负责人、安全生产管理人员、特种作业人员以欺骗、贿赂等不正当手段取得安全资格证或者特种作业操作证的,除撤销其相关资格证外,处 3 千元以下的罚款,并自撤销其相关资格证之日起 3 年内不得再次申请该资格证。

《办法》第五十条规定,生产经营单位有下列情形之一的,责令改正,处 3 万元以下的罚款:

(1) 从业人员安全培训的时间少于《生产经营单位安全培训规定》或者有关标准规定的;

(2) 矿山新招的井下作业人员和危险物品生产经营单位新招的危险工艺操作岗位人员,未经实习期满独立上岗作业的;

(3) 相关人员未按照本办法第二十二条规定重新参加安全培训的。

5 《国务院关于进一步加强企业安全生产工作的通知》(国发〔2010〕23 号,以下简称《通知》)

5.1 《通知》制定的背景

《通知》的制定出台,是党和国家在全国上下深入贯彻落实科学发展观,转变经济发展方式,调整产业结构,推进经济平稳较快发展和建设和谐社会的重要时期,对安全生产工作作出的重大决策和部署,充分体现了党中央、国务院对安全生产工作的高度重视,对人民群众的深切关怀。今年以来,针对一些地区相继发生的重特大事故,中央领导同志高度重视,多次做出重要批示。特别是华晋焦煤集团王家岭煤矿发生"3·28"特别重大透水事故后,温家宝总理批示要在做好事故抢险救援、调查处理、开展安全大检查的同时,结合转变发展方式,从根本上提高企业技术水平、安全标准和管理能力。张德江副总理明确要求安全监管总局、工业和信息化部等部门研究提出深入贯彻落实科学发展观,全面加强企业管理,提高企业安全生产水平的工作方案,并指示国务院发展研究中心开展专题研究。

5.2 《通知》制定的重大意义

一是进一步巩固发展安全生产形势。党中央、国务院对安全生产工作始终高度重视,相继出台了加强安全生产工作的一系列政策措施,连续三年在全国广泛深入开展"安全生产年"活动。在党中央、国务院的高度重视和正确领导下,在国家相关部门的指导推动下,通过各地区、各部门和各单位的共同努力,全国安全生产状况呈现总体稳定、趋于好转的发展态势。在新的历史时期,针对经济社会发展特别是在转变经济发展方式中出现的新形势新情况,需要进一步制定和完善相关政策措施,继续把安全生产工作推向深入,巩固和发展不断取得的安全生产成效。

二是重点解决当前安全生产暴露出的突出问题。由于受生产力发展不均衡和基础薄弱的制约,安全生产形势仍然严峻,2010年上半年在事故总量同比继续下降的同时,重特大事故有所反弹,尤其是先后发生6起一次死亡30人以上的特别重大事故,给人民群众生命财产安全造成重大损失,在社会上产生恶劣影响。针对当前的安全生产状况,结合国务院安委会于5月中下旬开展的安全生产大检查所发现的突出问题,安全监管总局在向国务院作出的专题报告中,对事故多发的原因作了深入分析,主要是:一些企业在经济回升向好的情况下,盲目追求经济效益,重生产轻安全,安全管理薄弱,安全生产主体责任不落实;无证或证照不全非法生产,超能力、超强度、超定员违法违规生产,小煤矿整合技改期间非法组织生产;一些地方和部门安全监管责任不落实、措施不到位等。这些问题的解决,在《通知》的具体内容中都做了重点解答,制定了更加严厉的政策、制度和措施。

三是切实强化企业安全生产主体责任落实。企业的安全生产状况关系安全生产大局,企业是安全生产的"内因"、根本,国家有关安全生产法律法规最终要落实到企业,全国安全生产整体水平的提高最终也必须体现在企业上。各级政府、部门以及企业本身所做的努力,都是为了促进企业安全管理的不断加强,保证人民群众生命财产安全。只有提高企业的安全生产水平,才能真正实现安全生产形势的持续稳定好转。因此,做好安全生产工作,切实有效地遏制重特大事故,首先是也必须要紧紧抓住企业这个"主体",通过加强安全管理、加大安全投入、强化技术装备、严格安全监管、严肃责任追究等有力措施,督促提高企业的安全生产保障能力。

《通知》是继 2004 年国务院《关于进一步加强安全生产工作的决定》、2005 年国务院第 116 次常务会议提出的安全生产 12 项治本之策之后,国务院出台的又一个安全生产的重要文件,意义重大、影响深远,对加强企业安全生产工作,推进全国安全生产形势持续稳定好转将起到重要作用。

5.3 《通知》需要把握的精神内涵

《通知》共 9 部分 32 条,体现了党中央、国务院关于加强安全生产工作的重要决策部署和一系列指示精神,体现了"安全发展,预防为主"的原则要求和安全生产工作标本兼治、重在治本、重心下移、关口前移的总体思路,总体上突出了三个方面。

一要牢牢把握《通知》提出的"三个坚持"。坚持以人为本,牢固树立安全发展的理念,切实转变经济发展方式,把经济发展建立在安全生产有可靠保证的基础上;坚持"安全第一,预防为主,综合治理"的方针,从管理、制度、标准和技术等方面,全面加强企业安全管理;坚持依法依规生产经营,集中整治非法违法行为,强化责任落实和责任追究。这"三个坚持"是指导和推动加强企业安全生产工作的总体要求,必须贯穿安全生产工作的全过程。

二要紧紧抓住重特大事故多发的 8 个重点行业领域。煤矿、非煤矿山、交通运输、建筑施工、危险化学品、烟花爆竹、民用爆炸物品、冶金等 8 个行业领域,事故易发、多发、频发,重特大事故集中,长期以来尚未得到切实有效遏制。当前和今后一个时期,必须从这 8 个重点行业领域入手,紧紧抓住不放,落实企业安全生产主体责任,强化企业安全管理;落实政府和部门的安全监管责任,推动提升企业安全生产水平。

三要施以更加严格严厉的综合治理措施。《通知》的每一项规定都集中体现了这一要求。进一步加强新形势下企业安全生产工作,切实解决一些长期以来影响和制约安全生产的关键问题、重点和难点问题,就是必须要以更坚定的信念、更大的决心、更强有力的政策措施,通过更加严格的企业安全管理、更加坚实的技术保障、更加有力的安全监管、更加高效的应急救援体系、更高标准的行业准入、更加有力的政策引导、更加注重经济发展方式转变、更加严格的目标考核和责任追究等，形成安全生产长效机制。

5.4 《通知》突出了"十个创新"

一是重大隐患治理和重大事故查处督办制度。对重大安全隐患治理实行逐级挂牌督办、公告制度，国家相关部门加强督促检查；对事故查处实行层层挂牌督办，重大事故查处由国务院安委会挂牌督办。

二是领导干部轮流现场带班制度。要求企业负责人和领导班子成员要轮流现场带班，其中煤矿和非煤矿山要有矿领导带班并与工人同时下井、升井。对发生事故而没有领导干部现场带班的，要严肃处理。

三是先进适用技术装备强制推行制度。对安全生产起到重要支撑和促进作用的安全生产技术装备要强制推广应用，规定推广应用到位的时限要求，其中煤矿"六大系统"要在3年之内完成。逾期未安装的，要依法暂扣安全生产许可证和生产许可证。

四是安全生产长期投入制度。规定企业在制定财务预算中必须确定必要的安全投入，落实地方和企业对国家投入的配套资金，研究提高危险行业安全生产费用提取下限标准并适当扩大范围，加强道路交通事故社会求助基金制度建设，积极稳妥推行安全生产责任保险制度等。

五是企业安全生产信用挂钩联动制度。规定要将安全生产标准化分级评价结果，作为信用评级的重要考核依据；对发生重特大事故或一年内发生2次以上较大事故的，一年内严格限制新增项目核准、用地审批、证券融资等，并作为银行贷款的重要参考依据。

六是应急救援基地建设制度。规定先期建设7个国家矿山救援队，配备性能先进、机动性强的装备和设备；明确进一步推进6个行业领域的国家救援基地和队伍建设。

七是现场紧急撤人避险制度。赋予企业生产现场带班人员、班组长和调度人员在遇到险情第一时间下达停产撤人命令的直接决策权和指挥权。

八是高危企业安全生产标准核准制度。规定加快制定修订各行业的生产、安全技术和高危行业从业人员资格标准,要把符合安全生产标准要求作为高危行业企业准入的前置条件,严把安全准入关。

九是工伤事故死亡职工一次性赔偿制度。规定提高赔偿标准,对因生产安全事故造成的职工死亡,其一次工亡补助标准调整为按全国上一年度城镇居民人均可支配收入的20倍计算。

十是企业负责人职业资格否决制度。规定对重大、特别重大事故负有主要责任的企业,其主要负责人终身不得担任本行业企业的矿长(厂长、经理)。

5.5 《通知》明确了"十大任务"

一是强化隐患整改效果,要求做到整改措施、责任、资金、时限和预案"五到位",实行以安全生产专业人员为主导的隐患整改效果评价制度。强调企业要每月进行一次安全生产风险分析,建立预警机制。

二是要求全面开展安全生产标准化达标建设,做到岗位达标、专业达标和企业达标,并强调通过严格生产许可证和安全生产许可证管理,推进达标工作。

三是加强安全生产技术管理和技术装备研发,要求健全机构,配备技术人员,强化企业主要技术负责人技术决策和指挥权;将安全生产关键技术和装备纳入国家科学技术领域支持范围和国家"十二五"规划重点推进。

四是安全生产综合监管、行业管理和司法机关联合执法,严厉打击非法违法生产、经营和建设,取缔非法企业。

五是强化企业安全生产属地管理,对当地包括中央和省属企业安全生产实行严格的监督检查和管理。

六是积极开展社会监督和舆论监督,维护和落实职工对安全生产的参与权与监督权,鼓励职工监督举报各类安全隐患。

七是严格限定对严重违法违规行为的执法裁量权,规定对企业"三超"(超能力、超强度、超定员)组织生产的、无企业负责人带班下井或该带班而未带班的等,要求按有关规定的上限处罚;对以整合技改名义违规组织生产的、拒不执行监管指令的、违反建设项目"三同时"规定和安全培训有关规定的等,要依法加重处罚。

八是进一步加强安全教育培训,鼓励进一步扩大采矿、机电、地质、通风、安全等专业技术和技能人才培养。

九是强化安全生产责任追究,规定要加大重特大事故的考核权重,发生特别重大生产安全事故的,要视情节追究地级及以上政府(部门)领导的责任;加大对发生重大和特别重大事故企业负责人或企业实际控制人以及上级企业主要负责人的责任追究力度;强化打击非法生产的地方责任。

十是强调要结合转变经济发展方式,就加快推进安全发展、强制淘汰落后技术产品、加快产业重组步伐提出了明确要求。这充分体现了安全生产与经济社会发展密不可分、协调推进的要求,通过不断提高生产力发展水平,从根本上促进企业安全生产水平的提高。

5.6 《通知》规定提高工伤事故死亡职工一次性赔偿标准

事故发生单位对事故造成的人员伤亡、财产损失,应当承担赔偿责任,这是《中华人民共和国安全生产法》(以下简称《安全生产法》)等法律法规要求必须履行的法定义务。为维护伤亡职工和家属的权益,提高事故单位的违法成本,国家有关部门对提高工伤事故死亡职工一次性赔偿标准问题,从法规制度上不断进行研究和探讨,提出了新的赔偿标准。

一是大幅度提高了赔偿额度。2004 年实施的《工伤保险条例》规定,一次性工亡补助金,按当地 48～60 个月平均工资计算,取全国平均值最高为 15 万元左右。《通知》明确一次性工亡补助金调整为按全国上一年度城镇居民人均可支配收入的 20 倍计算。经测算,按 2009 年度全国平均城镇居民人均可支配收入 17 175 元的水平,全国平均一次性工亡补助金为 34.35 万元,比原规定翻一番还多,加上同时实行的葬补助金和供养亲属抚恤金(按供养 2 位亲属测算),三项合计约为 61.8 万元。其中前两项为一次性支出,后一项按工亡职工供养人口长期、按月发放。

二是具有法律效力。《工伤保险条例》与《通知》规定相衔接,确保 2011 年 1 月 1 日公布实施时保持一致,从而保证《通知》新规的法律效力。

《工伤保险条例》将依据不同地区和企业单位的安全生产状况,实行浮动费用率和差别费率,对发生重特大事故或事故多发的企业单位,通过调整缴费比例,促进加强安全生产工作。因此,《通知》规定,既体现了以人为本、关爱生命,维护职工合法权益的精神,同时又是推进不断提高企业安全生产水平的新制度、新举措。

5.7 煤矿负责人和生产管理经营人员下井带班制度

《国务院关于预防煤矿生产安全事故的特别规定》(国务院第446 号令)规定"煤矿企业负责人和生产经营管理人员应当按照国家规定轮流带班下井"。《关于煤矿负责人和生产经营管理人员下井带班的指导意见》规定"各类煤矿企业必须安排负责人和生产经营管理人员下井带班,确保每个班次至少有 1 名负责人或生产经营人员在现场带班作业,与工人同下同上"。

《通知》规定与原有制度相比,有三点不同之处:一是扩大带班的企业范围。《通知》规定"企业"都要实行这项制度,其中下井带班的还包括非煤矿山在内,而不仅仅是煤矿企业。二是明确带班的主体。"矿领导带班"与工人同下同上的规定与原规定相比,将带班的主体"负责人或生产经营管理人员"限定在矿级领导,即必须是矿领导班子成员,包括主要负责人。原规定的"负责人或生产经营管理人"是包括企业中层干部在内的。新规定较以往更严格、更明确。三是强化带班责任。《通知》规定"对无企业负责人带班下井或该带班而未带班的,对有关负责人按擅离职守处理"。"擅离职守"即是违规违纪,是失职,要按有关规定给予相应的党纪或政纪处分,同时还要"给予规定上限的经济处罚"。对情节严重的,"发生事故而没有领导现场带班的",还要依法追究企业主要负责人的责任,对企业进行严厉的经济处罚。

5.8 《通知》对重大、特别重大及以上事故并负有主要责任的企业,其企业主要负责人的处理规定

《通知》规定,重大、特别重大及以上事故并负有主要责任的企业,其企业主要负责人终身不得担任本行业企业的矿长(厂长、经理)的规定。这一规定的涵义有两层:一是加重了事故责任人的处罚。《安全生产法》规定,受到刑事处罚或撤职处分的生产经营单位负责人,自刑罚执行完毕或者受处分之日起,5年内不得担任任何生产经营单位的主要负责人。企业负责人对发生的重大、特别重大事故负有不可推卸的领导责任,只要发生了重特大事故,在坚持5年内不得担任"任何生产经营单位"主要负责人这一规定的同时,依照《通知》规定,终身不能担任"本行业企业"的主要领导职务。这可以理解为对事故负有主要责任的企业负责人实施更为严厉的行政处罚。二是严格职业准入。企业需要任用主要负责人如矿长、厂长、经理等,就不得用上述人员,无论是本地区还是跨地区,用了就是违规。下一步,安全监管总局将会同有关部门建立企业及其负责人信息披露制度,并实现区域联网、全国联网,以备检索、核查。对发生重大和特别重大事故的企业上述人员,任何地区、部门和企业单位都不得违规任用。对于没有发生事故,但3个月内2次及以上发现有重大安全生产隐患,仍然进行生产的煤矿,按照"国务院446号令"规定,要予以关闭,并吊销矿长资格证和矿长安全资格证,该矿的法定代表人和矿长5年内不得担任任何煤矿的法定代表人或矿长。

5.9 《通知》强调打击非法违法生产、经营、建设行为

非法违法生产、经营和建设,是影响安全生产的顽症痼疾,也是重特大事故多发频发的罪魁祸首。近处来国务院连续部署开展"安全生产年"活动,都把打击非法违法行为纳入重点工作,专题部署开展和深化安全生产执法行动,并取得了阶段性成果。但从国务院开展的安全大检查和发生的事故来看,非法违法行为仍没得到有效遏制。据统计,2010年上半年,全国共查处的非法违法行为有226.6万余起。全国因非法违法引发的较大以上事故共502起、死亡2652

人,分别占较大以上事故的 54.6％ 和 62.4％。其中,煤矿 36 起、死亡441 人,分别占较大以上事故的 50％ 和 71.8％。

　　为切实有效遏制重特大事故,坚决严厉打击非法违法生产,《通知》的第 11 条专门就打击非法违法行为作出严格规定,第 31条明确对打击非法生产不力的地方实行严格的责任追究,重点强化县乡两级政府的责任。规定对工作不力的,要对县乡政府主要领导以及相关责任人给予降级、撤职或开除的行政处分,以至依法追究刑事责任。对于打击煤矿非法生产问题,"国务院第 446 号令"有具体规定,因此《通知》明确"国家另有规定的,从其规定"。《通知》第 13 条对建设项目的审批、日常安全监管、安全设施"三同时",以及建设、设计、施工、监理和监管等各方安全责任也进行了明确,规定了相应的违规处罚措施,并规定对以整合、技改名义违规组织生产,以及规定期限内未实施改造或拖延工期的矿山,由地方政府依法予以关闭。

6 《国务院关于坚持科学发展安全发展促进安全生产形势持续稳定好转的意见》(国发〔2011〕40 号,以下简称《意见》)

6.1 《意见》出台的背景

　　进入"十二五"之后,整个安全生产活动保持着总体稳定的态势,大事故、特大事故都是同比下降的。但是因为我们国家正处在工业化快速发展阶段,生产安全事故易发,而且受生产力发展水平不均衡的影响,安全生产力量还比较薄弱,重特大事故还没有得到有效遏制,而且职业危害也非常严重。在这种情况下,安全生产工作既要解决结构性、深层次、区域性的问题,同时又要应对新情况、新问题的挑战,所以根本出路就是科学发展、安全发展。

6.2 《意见》出台的重大意义

　　国务院制定出台的这个《意见》,体现了党中央、国务院一个时期以来关于安全生产的决策部署,体现了以人为本、安全发展的科学理念,体现了安全第一、预防为主、综合治理的方针,体现了标本兼治、重在治本这样一个总体的思路,是指导"十二五"乃至今后一个时期安全生产工作的纲领性文件。

6.3 《意见》对安全生产理论的创新和发展

这个《意见》和 2004 年国务院出台的《国务院关于进一步加强安全生产工作的决定》(国发〔2004〕2 号)是一脉相承的,与 2010 年下发的《国务院关于进一步加强企业安全生产的通知》是相补充的,而且是与"十二五"安全生产规划相配套的一个文件。《通知》着重落实企业的主体责任,所以在企业安全主体责任落实上,企业安全能力保障上以及企业安全管理制度上和安全行业准入上都提出了更加明确、更加具体、更加严格的要求。国务院的《意见》实际上是着眼于从更高层次上,从落实科学发展、发展安全这个角度更加全面系统地对整个安全生产工作作出一个总体的部署,而且尤其强调了如何进一步加强对安全生产的监督管理,从政府层面上提出了一些新的要求,设立了一些新的制度,既有区别,但又是互相衔接、互相补充的。《意见》不仅是实践上、制度上、措施上有创新、有发展,更重要的是在安全生产的理论上有些创新和发展。

一是提出了安全生产的三个事关:事关人民生命财产的安全;事关改革发展稳定的大局;事关党和政府的形象和声誉。这三个事关进一步强调了安全生产工作的地位和作用,尤其是第三个事关,事关党和政府的形象和声誉,这与胡锦涛总书记在十七届三中全会提出的能否实现安全生产是对我们党执政能力的一个重大考验这个重要思想是一致的。

二是进一步阐释了安全生产发展的内涵。我们讲安全发展,安全发展的内涵是什么?《意见》作出科学界定。所谓安全发展就是要把安全作为发展的前提和基础,把经济社会的发展建立在安全保障能力不断提升、人民群众生命健康权益不断保障这样一个基础之上。使人民群众能够平安地享受到经济发展和社会进步的成果,这是对安全发展的一个科学解释。

三是提出了检验、衡量安全生产的标准。检验、衡量安全生产的标准是第一次提出来。这个标准就是要把科学发展、安全发展的理念贯穿到生产经营建设的每一个环节,从而作为检验安全生产的一个标准。提出这样一个标准,安全生产工作要求就更高了。

四是进一步确认事故易发期这个理论。目前我们仍然处在安全事故多发、易发的高峰期,这是第一次提出。所以这个观点的确立,表明我们党和政府对现阶段安全生产规律、特点的认识和把握,这样使我们始终保持清醒的头脑。

五是提出了安全发展战略。把安全发展作为一个战略来实施,这是我们党和政府的一项重大决策。所谓的要把安全发展作为一项战略,那就说它不仅仅是某项具体工作,它是一项战略。所谓战略就是能够具有统帅性、具有引领性的,能够左右成败的一个谋略。所以把安全发展作为这样一个战略来实施,这样更便于凝聚全党全社会的共识,也能够形成安全发展的整体合力。

六是进一步提出安全生产的宏观思路。包括提出了安全生产的四条原则、今后一个时期安全生产工作的总体指导思想等等。在今后一个时期,要以落实企业主体责任为重点,以事故防范为主攻方向,以规范生产作为重要保障,以科技进步作为重要支撑,这些对进一步研究部署好下一步的安全生产工作提出了战略性的思维。

所以以上六个方面理论的创新和发展,必然对实践产生重大的指导作用。

6.4 《意见》对道路交通的安全也提出了新的措施、新的要求

第一,加快修订完善长途客运安全技术标准。长途客运车辆要有更加严重的技术标准,淘汰性能差的运营车辆。第二,强化运营企业的安全责任,明确禁止运营车辆挂靠运营,严格禁止非法改装客车。第三,严格长途客运的管理,要抓紧制定强制长途客运司机的休息制度,长途客运司机应该在规定的时间内强迫休息。第四,强制性地在长途客运车辆里面安装具有行车记录功能的卫星定位装置,并实行运营监控。运用高科技手段加强监控,提前预防一些事故的发生。除此之外,《意见》还对其他交通运输工具提出了进一步严格管理的要求,比如对高铁、地铁等轨道运输如何做到安全运营也提出了明确要求。还对进一步加强民航以及农村山区运输和水上交通的安全管理提出了明确要求。

6.5 《意见》提出了新的监管制度

第一,进一步完善了安全生产行政首长负责制和一岗双责的制度,明确规定县级以上政府是本地区安全生产的第一责任者,班子成员都应该承担安全生产的职责,实行一岗双责。第二,在高危行业建设项目要实行安全许可的前置审批。就是高危行业建设项目在立项之前要进行安全评估,把安全评估作为立项的一个前置条件。第三,实行安全生产全员培训制度。就是所有职工必须要经过安全培训之后才能上岗,特别明确了要进一步建立完善由农民工向产业工人转化的培训机制。第四,实行非煤矿山企业开采矿种最小规模和最低服务年限的准入制度。比如除了煤矿之外其他矿种的开采,应该有最低服务年限以及矿山开采的最低规模。第五,实行职业危害防护设施措施。就是任何一个建设项目都应该有职业危害防护的设施,而且这个设施要与主体建设项目同时设计、同时施工、同时投入使用,对于容易发生职业危害的建筑项目要进行职业危害的风险预评价,从源头上把住这一关。第六,在安全投入上要建立政府引导带动、各方共同承担的安全生产投入制度,进一步拓展了安全投入的渠道。第七,实行安全生产失信惩戒制度。企业没有达到安全生产的条件,在安全生产上没有履行应该承担的责任和义务,就要受到惩罚,并与企业的信誉、等级进行挂钩。第八,实行安全生产绩效考核制度。第九,进一步完善安全生产的监督制度。特别是建立、完善群众的监督、社会的监督、舆论的监督等方面的相关制度。

6.6 《意见》进一步健全完善安全生产的控制考核体系

把安全生产考核控制指标纳入到经济社会发展考核评价指标体系中,实践证明是非常有效的。第一,通过指标体系的考核,进一步落实安全生产的目标任务。第二,严格执行"一岗双责"。各级党政班子都要既抓好分管的工作,又要抓好分管行业领域内的安全监管工作。这项制度将安全监管工作纳入到对领导干部政绩、业绩考核体系之中。第三,在综合考核体系当中进一步突出了安全生产工作的成效。把安全生产纳入精神文明建设考核体系,纳入党风廉政建设考核体系,纳入社会管理综合治理考核体系,这样使安全生产真正纳入经济社会发展的总体战略。第四,在事故以及隐患整治查处过程中进一步突出行政问责。在隐患排查治理当中,该整治的隐患没有整治,要追究领导的责任。在事故查处过程中,领导失职渎职的,没有尽到责任的,也要追究领导责任。甚至在落实安全生产的一系列政策措施过程当中,不重视或者该抓的没有认真抓,或者抓得不到位,都需要问责。因此只有落实安全生产责任制,通过加大考核的力度,形成安全生产的制约机制,才能够真正地把有关安全生产的方针政策以及各项防范措施落实到位。

6.7 《意见》对职业病诊断、鉴定和治疗提出了明确要求

职业病的潜在威胁越来越大,而且这个问题越来越凸现,因为职业危害确实关系到从业者的生命健康权益,是一个不可忽视的重要问题。《意见》专门对职业危害的防治提出了明确要求。第一,建立职业危害防范设施的"三同时"制度。第二,对于容易发生职业危害的建设项目,要实行职业危害风险的预评价。第三,加快修订颁布实施《中华人民共和国职业病防治法》,进一步界定在职业危害防治、治疗、保障上相关部门的职责,进一步健全完善有关职业危害防治的有关法律制度,进一步明确职业危害上的法律追责规定,使其成为职业危害防治的重要法律武器和执法的依据。

6.8 《意见》提出了完善国家和行业安全技术标准要求

安全生产的标准是安全生产法律法规体系的重要组成部分,很多标准是属于强制性执行的。安监总局专门成立了7个安全生产标准化的分标委。逐步制定完善安全生产标准并颁布实施。进一步加强安全生产标准化建设与企业安全诚信机制建设相结合。企业如果没有达标,在企业的诚信上实行必要的制裁,包括融资、信贷、担保、保险等方面。通过这种机制来迫使企业必须按照标准化生产进行作业,如果都能够达到标准化,上标准岗,干标准活,很多隐患都可能得到治理,事故就有可能被避免。

6.9 《意见》提出了安全生产长效投入机制

《意见》要求探索建立中央、地方、企业和社会共同承担的安全生产长效投入机制。安全生产需要投入，没有必要的投入很难提升安全保障能力。国务院《意见》里对建立安全生产的投入机制也提出了明确要求。首先，要落实企业安全投入的主体责任，因为安全生产投入，企业应该作为投入主体，按照有关政策措施来提足安全生产的费用，并且把这些费用真正用到安全生产上。第二，发挥政府投资的带动作用。在"十一五"时期，中央财政对原来的国有重点煤矿先后投入了 150 亿的国债资金，带动了企业和地方政府配套投入了 800 多亿，补了这些煤矿过去的安全欠账，同时在一些安全设施上和安全设备改造上也加大了投入，相应地提高了安全保障能力。"十二五"时期，国家确立的 9 项安全生产重点工程，大体需要投资 6 200 多亿，其中 12% 由中央财政投入，28% 由地方投入，60% 由企业投入，这样既体现了企业主体责任，又体现了中央、地方财政投入的引领作用。第三，地方政府要加强对安全生产资金投入的监督检查，确保这些资金能够真正用到安全生产上，不要挪作他用，要加强这方面的监督审计审核。第四，发挥优势企业的带动作用，引导社会和企业通过兼并、改造、重组，加大安全生产投入。加大了投入，才能使必要的装备、必要的设施进一步完善。

7 《国务院安委会关于进一步加强安全培训工作的决定》（安委〔2012〕10 号，以下简称《决定》）

7.1 《决定》出台的背景

党中央、国务院历来高度重视安全培训工作，《国务院关于进一步加强企业安全生产工作的通知》（国发〔2010〕23 号）和《国务院关于坚持科学发展安全发展促进安全生产形势持续稳定好转的意见》（国发〔2011〕40 号）都对安全培训工作提出明确的要求。2012 年 8 月 20 日，温家宝总理在听取国家安全监管总局局长杨栋梁的工作汇报后强调，当前安全生产要重点抓好三件事：安全生产制度的建设、安全生产技术的创新和安全生产培训。

近年来，特别是"十一五"以来，在党中央、国务院的高度重视下,通过各地区、各有关部门和单位的共同努力,安全培训工作取得了新的进展和成效。法规、标准和制度不断完善,管理体制基本理顺,考核体系初步建立,监督检查机制基本形成,基地、教材、师资等基础工作进一步加强。"十一五"以来,全国年均培训2 000万人次左右,《安全生产法》等20余部法规对安全培训作出规定,总局出台了4部部门规章、42个规范性文件、104个培训大纲和考核标准,实施了全员培训、持证上岗、从业人员准入、培训机构准入、教考分离、经费保障、责任追究7项法律制度。截至2011年底,全国已建成各级安全培训机构4 051家,有专职教师2.1万人。但是,当前我国安全生产形势依然严峻,安全培训工作还存在不小的差距。主要表现在:思想认识不够到位,企业责任不够落实,培训针对性不够强,培训基础相对薄弱,处罚和问责少,没有起到很好的震慑作用。

我国仍处于社会主义初级阶段,处于工业化、城镇化快速发展进程中,生产力水平还比较低。人是生产力中最具有决定性的力量和最活跃因素,代表生产力的发展要求,要充分发挥人的作用就必须加强培训、提高素质。在这个意义上讲,搞好安全培训就是保护和发展生产力。从另一个角度说,党的十八大提出要全面建成小康社会,包含对人民群众的物质文化生活水平提高的要求,更包含对生命安全的要求。建成小康社会首先要保障人的生命安全,实现我国安全生产状况的根本好转,必须致力于提高全民的安全文化素质。安全培训工作作为安全生产的"三件大事"之一,即是保障人的生命安全的重要的基础工作。

7.2 《决定》出台的重大意义

《决定》是国务院安委会第一次以"决定"的形式发布的规范性文件,也是学习贯彻党的十八大精神、大力实施安全发展战略的具体体现。党的十八大报告明确要求:"强化公共安全体系和企业安全生产基础建设,遏制重特大安全事故。"这对于推动全党全社会进一步凝聚安全发展共识,形成安全发展合力,从根本上提高安全生产水平,提出了更高要求。安全培训工作作为当前安全生产工作的三件大事之一,任务更加艰巨和繁重。

这次出台的《决定》,是在系统总结以往安全培训方面的方针政策、法规规范及经验教训的基础上,对国务院 23 号、40 号文件在安全培训工作方面的规定和要求进行了深化和细化,同时吸收了《安全生产教育培训"十二五"规划》的重要内容,并抓住当前实施安全发展战略的大好机遇,在更高的层次上进行提升和升华。可以说,《决定》的出台是个循序渐进的过程,也是继承创新的过程,更是一次千载难逢的重大机遇。《决定》进一步明确了现阶段安全培训工作的总体思路和工作目标,提出了新形势下进一步加强安全培训工作的一系列政策措施。《决定》坚持以科学发展观为统领,通篇贯穿着"以人为本、关注民生"的执政理念,贯穿着"安全第一、预防为主、综合治理"的方针,对于强化企业安全生产基础建设、遏制重特大安全事故,实施"人才强安"战略,开创安全培训工作的新局面,具有十分重要的意义,是指导"十二五"及今后相当一个时期全国安全培训工作的纲领性文件。

《决定》共分为 7 个部分 27 条,架构严谨、内容丰富、规定具体、措施有力。其主要内容可以概括为"一个树立"、"两个坚持"、"三个细化"、"五个落实"。具体来说就是,树立一个工作意识,即"培训不到位是重大安全隐患";坚持两个工作理念,即依法培训、按需施教;完善细化三个责任体系,即企业安全培训主体责任,政府及有关部门安全培训监管和安全监管监察人员培训职责,安全培训和考试的机构培训质量保障责任;落实五项法律制度,即高危企业从业人员准入制度、"三项岗位"人员持证上岗制度、企业职工先培训后上岗制度、师傅带徒弟制度、安全监管监察人员持证上岗和继续教育制度。

7.3 《决定》提出的培训目标

《决定》中明确提出了"十二五"安全培训工作"四个 100%"和"两个明显提高"的目标。这些目标是适当的,经过努力是可以达到的,也是必须要达到的。具体来说,"四个 100%":"三项岗位"人员(矿山、建筑施工单位和危险物品生产、经营、储存等高危行业企业主要负责人、安全管理人员和生产经营单位特种作业人员）100％持证上岗，以班组长、新工人、农民工为重点的企业从业人员100％培训合格后上岗，各级安全监管监察人员100％持行政执法证上岗，承担安全培训的教师100％参加知识更新培训。"两个明显提高"：安全培训基础保障能力得到明显提高，安全培训质量得到明显提高。

7.4 《决定》提出的执法要求

《决定》要求强化安全培训责任追究，明确提出实行更加严格的"三个一律"。一是对应持证未持证或者未经培训就上岗的人员，一律先离岗、培训持证后再上岗，并依法对企业按规定上限处罚，直至停产整顿和关闭。二是对存在不按大纲教学、不按题库考试、教考不分、乱办班等行为的安全培训和考试机构，一律依法严肃处罚。三是对各类生产安全责任事故，一律倒查培训、考试、发证不到位的责任。对因未培训、假培训或者未持证上岗人员的直接责任引发重特大事故的，所在企业主要负责人依法终身不得担任本行业企业矿长（厂长、经理），实际控制人依法承担相应责任。

8 《工贸企业有限空间作业安全管理与监督暂行规定》（国家安全生产监督管理总局令第59号）

第一章 总则

第一条 为了加强对冶金、有色、建材、机械、轻工、纺织、烟草、商贸企业（以下统称工贸企业）有限空间作业的安全管理与监督，预防和减少生产安全事故，保障作业人员的安全与健康，根据《中华人民共和国安全生产法》等法律、行政法规，制定本规定。

第二条 工贸企业有限空间作业的安全管理与监督，适用本规定。

本规定所称有限空间，是指封闭或者部分封闭，与外界相对隔离，出入口较为狭窄，作业人员不能长时间在内工作，自然通风不良，易造成有毒有害、易燃易爆物质积聚或者氧含量不足的空间。工贸企业有限空间的目录由国家安全生产监督管理总局确定、调整并公布。

第三条　工贸企业是本企业有限空间作业安全的责任主体，其主要负责人对本企业有限空间作业安全全面负责，相关负责人在各自职责范围内对本企业有限空间作业安全负责。

第四条　国家安全生产监督管理总局对全国工贸企业有限空间作业安全实施监督管理。

县级以上地方各级安全生产监督管理部门按照属地监管、分级负责的原则，对本行政区域内工贸企业有限空间作业安全实施监督管理。省、自治区、直辖市人民政府对工贸企业有限空间作业的安全生产监督管理职责另有规定的，依照其规定。

第二章　有限空间作业的安全保障

第五条　存在有限空间作业的工贸企业应当建立下列安全生产制度和规程：

（一）有限空间作业安全责任制度；

（二）有限空间作业审批制度；

（三）有限空间作业现场安全管理制度；

（四）有限空间作业现场负责人、监护人员、作业人员、应急救援人员安全培训教育制度；

（五）有限空间作业应急管理制度；

（六）有限空间作业安全操作规程。

第六条　工贸企业应当对从事有限空间作业的现场负责人、监护人员、作业人员、应急救援人员进行专项安全培训。专项安全培训应当包括下列内容：

（一）有限空间作业的危险有害因素和安全防范措施；

（二）有限空间作业的安全操作规程；

（三）检测仪器、劳动防护用品的正确使用；

（四）紧急情况下的应急处置措施。

安全培训应当有专门记录，并由参加培训的人员签字确认。

第七条　工贸企业应当对本企业的有限空间进行辨识，确定有限空间的数量、位置以及危险有害因素等基本情况，建立有限空间管理台账，并及时更新。

第八条　工贸企业实施有限空间作业前,应当对作业环境进行评估,分析存在的危险有害因素,提出消除、控制危害的措施,制定有限空间作业方案,并经本企业负责人批准。

第九条　工贸企业应当按照有限空间作业方案,明确作业现场负责人、监护人员、作业人员及其安全职责。

第十条　工贸企业实施有限空间作业前,应当将有限空间作业方案和作业现场可能存在的危险有害因素、防控措施告知作业人员。现场负责人应当监督作业人员按照方案进行作业准备。

第十一条　工贸企业应当采取可靠的隔断(隔离)措施,将可能危及作业安全的设施设备、存在有毒有害物质的空间与作业地点隔开。

第十二条　有限空间作业应当严格遵守"先通风、再检测、后作业"的原则。检测指标包括氧浓度、易燃易爆物质(可燃性气体、爆炸性粉尘)浓度、有毒有害气体浓度。检测应当符合相关国家标准或者行业标准的规定。

未经通风和检测合格,任何人员不得进入有限空间作业。检测的时间不得早于作业开始前30分钟。

第十三条　检测人员进行检测时,应当记录检测的时间、地点、气体种类、浓度等信息。检测记录经检测人员签字后存档。

检测人员应当采取相应的安全防护措施,防止中毒窒息等事故发生。

第十四条　有限空间内盛装或者残留的物料对作业存在危害时,作业人员应当在作业前对物料进行清洗、清空或者置换。经检测,有限空间的危险有害因素符合《工作场所有害因素职业接触限值第一部分化学有害因素》(GBZ2.1)的要求后,方可进入有限空间作业。

第十五条　在有限空间作业过程中,工贸企业应当采取通风措施,保持空气流通,禁止采用纯氧通风换气。

发现通风设备停止运转、有限空间内氧含量浓度低于或者有毒有害气体浓度高于国家标准或者行业标准规定的限值时,工贸企业必须立即停止有限空间作业,清点作业人员,撤离作业现场。

第十六条　在有限空间作业过程中,工贸企业应当对作业场所中的危险有害因素进行定时检测或者连续监测。

作业中断超过 30 分钟,作业人员再次进入有限空间作业前,应当重新通风、检测合格后方可进入。

第十七条　有限空间作业场所的照明灯具电压应当符合《特低电压限值》(GB/T 3805)等国家标准或者行业标准的规定;作业场所存在可燃性气体、粉尘的,其电气设施设备及照明灯具的防爆安全要求应当符合《爆炸性环境第一部分:设备通用要求》(GB 3836.1)等国家标准或者行业标准的规定。

第十八条　工贸企业应当根据有限空间存在危险有害因素的种类和危害程度,为作业人员提供符合国家标准或者行业标准规定的劳动防护用品,并教育监督作业人员正确佩戴与使用。

第十九条　工贸企业有限空间作业还应当符合下列要求:

(一)保持有限空间出入口畅通;

(二)设置明显的安全警示标志和警示说明;

(三)作业前清点作业人员和工器具;

(四)作业人员与外部有可靠的通讯联络;

(五)监护人员不得离开作业现场,并与作业人员保持联系;

(六)存在交叉作业时,采取避免互相伤害的措施。

第二十条　有限空间作业结束后,作业现场负责人、监护人员应当对作业现场进行清理,撤离作业人员。

第二十一条　工贸企业应当根据本企业有限空间作业的特点,制定应急预案,并配备相关的呼吸器、防毒面罩、通讯设备、安全绳索等应急装备和器材。有限空间作业的现场负责人、监护人员、作业人员和应急救援人员应当掌握相关应急预案内容,定期进行演练,提高应急处置能力。

第二十二条　工贸企业将有限空间作业发包给其他单位实施的,应当发包给具备国家规定资质或者安全生产条件的承包方,并与承包方签订专门的安全生产管理协议或者在承包合同中明确各自的安全生产职责。存在多个承包方时,工贸企业应当对承包方的安全生产工作进行统一协调、管理。

工贸企业对其发包的有限空间作业安全承担主体责任。承包方对其承包的有限空间作业安全承担直接责任。

第二十三条 有限空间作业中发生事故后,现场有关人员应当立即报警,禁止盲目施救。应急救援人员实施救援时,应当做好自身防护,佩戴必要的呼吸器具、救援器材。

第三章 有限空间作业的安全监督管理

第二十四条 安全生产监督管理部门应当加强对工贸企业有限空间作业的监督检查,将检查纳入年度执法工作计划。对发现的事故隐患和违法行为,依法作出处理。

第二十五条 安全生产监督管理部门对工贸企业有限空间作业实施监督检查时,应当重点抽查有限空间作业安全管理制度、有限空间管理台账、检测记录、劳动防护用品配备、应急救援演练、专项安全培训等情况。

第二十六条 安全生产监督管理部门应当加强对行政执法人员的有限空间作业安全知识培训,并为检查有限空间作业安全的行政执法人员配备必需的劳动防护用品、检测仪器。

第二十七条 安全生产监督管理部门及其行政执法人员发现有限空间作业存在重大事故隐患的,应当责令立即或者限期整改;重大事故隐患排除前或者排除过程中无法保证安全的,应当责令暂时停止作业,撤出作业人员;重大事故隐患排除后,经审查同意,方可恢复作业。

第四章 法律责任

第二十八条 工贸企业有下列行为之一的,由县级以上安全生产监督管理部门责令限期改正;逾期未改正的,责令停产停业整顿,可以并处 5 万元以下的罚款:

(一)未在有限空间作业场所设置明显的安全警示标志的;

(二)未按照本规定为作业人员提供符合国家标准或者行业标准的劳动防护用品的。

第二十九条　工贸企业有下列情形之一的,由县级以上安全生产监督管理部门给予警告,可以并处 2 万元以下的罚款:

（一）未按照本规定对有限空间作业进行辨识、提出防范措施、建立有限空间管理台账的;

（二）未按照本规定对有限空间的现场负责人、监护人员、作业人员和应急救援人员进行专项安全培训的;

（三）未按照本规定对有限空间作业制定作业方案或者方案未经审批擅自作业的;

（四）有限空间作业未按照本规定进行危险有害因素检测或者监测,并实行专人监护作业的;

（五）未教育和监督作业人员按照本规定正确佩戴与使用劳动防护用品的;

（六）未按照本规定对有限空间作业制定应急预案,配备必要的应急装备和器材,并定期进行演练的。

第五章　附则

第三十条　本规定自 2013 年 7 月 1 日起施行。

第三节　特种作业人员安全技术培训考核管理规定

2010 年 5 月 24 日,国家安全生产监督管理总局发布了《特种作业人员安全技术培训考核管理规定》(总局令第 30 号,以下简称《规定》),并附特种作业目录,于 2010 年 7 月 1 日实施。1999 年 7 月 12 日原国家经济贸易委员会发布的《特种作业人员安全技术培训考核管理办法》(总局令第 13 号)同时废止。

制定《特种作业人员安全技术培训考核管理规定》的目的是为了规范特种作业人员的安全技术培训考核工作,提高特种作业人员的安全技术水平,防止和减少伤亡事故,促进安全生产。

1　特种作业人员的范围

《特种作业人员安全技术培训考核管理规定》在原经贸委令第

13 号的基础上,根据安全生产工作的需要,对有关作业类别、工种进行了重大补充和调整,调整后的特种作业范围共 11 个作业类别。这些特种作业具备以下特点:

一是独立性。必须是独立的岗位,由专人操作的作业,操作人员必须具备一定的安全生产知识和技能。

二是危险性。必须是危险性较大的作业,如果操作不当,容易对不特定的多数人或物造成伤害,甚至发生重特大伤亡事故。

三是特殊性。从事特种作业的人员不能很多,不然难以管理,也体现不出特殊性。总体上讲,每个类别的特种作业人员一般不超过该行业或领域全部从业人员的 30%。

《特种作业人员安全技术培训考核管理规定》第三条规定:"本规定所称特种作业,是指容易发生事故,对操作者本人、他人的安全健康及设备、设施的安全可能造成重大危害的作业。特种作业的范围由特种作业目录规定。本规定所称特种作业人员,是指直接从事特种作业的从业人员。"特种作业人员的范围实行目录管理,根据安全生产工作的需要适时调整。依据《特种作业人员安全技术培训考核管理规定》的目录规定,目前特种作业人员共有十一大类。

1.1 电工作业

电工作业是指对电气设备进行运行、维护、安装、检修、改造、施工、调试等作业(不含电力系统进网作业),具体包括高压电工作业、低压电工作业和防爆电气作业等三小类。

1.1.1 高压电工作业

指对 1 千伏(kV)及以上的高压电气设备进行运行、维护、安装、检修、改造、施工、调试、试验及绝缘工、器具进行试验的作业。

1.1.2 低压电工作业

指对 1 千伏(kV)以下的低压电气设备进行安装、调试、运行操作、维护、检修、改造施工和试验的作业。

1.1.3 防爆电气作业

指对各种防爆电气设备进行安装、检修、维护的作业。

适用于除煤矿井下以外的防爆电气作业。

1.2 焊接与热切割作业

焊接与热切割作业是指运用焊接或者热切割方法对材料进行加工的作业(不含《特种设备安全监察条例》规定的有关作业),具体包括熔化焊接与热切割作业、压力焊作业、钎焊作业等三个小类。

1.2.1 熔化焊接与热切割作业

指使用局部加热的方法将连接处的金属或其他材料加热至熔化状态而完成焊接与切割的作业。

适用于气焊与气割、焊条电弧焊与碳弧气刨、埋弧焊、气体保护焊、等离子弧焊、电渣焊、电子束焊、激光焊、氧熔剂切割、激光切割、等离子切割等作业。

1.2.2 压力焊作业

指利用焊接时施加一定压力而完成的焊接作业。

适用于电阻焊、气压焊、爆炸焊、摩擦焊、冷压焊、超声波焊、锻焊等作业。

1.2.3 钎焊作业

指使用比母材熔点低的材料作钎料,将焊件和钎料加热到高于钎料熔点,但低于母材熔点的温度,利用液态钎料润湿母材,填充接头间隙并与母材相互扩散而实现连接焊件的作业。

适用于火焰钎焊作业、电阻钎焊作业、感应钎焊作业、浸渍钎焊作业、炉中钎焊作业,不包括烙铁钎焊作业。

1.3 高处作业

高处作业是指专门或经常在坠落高度基准面 2 米及以上有可能坠落的高处进行的作业,具体包括登高架设作业和高处安装、维护、拆除作业等两个小类。

1.3.1 登高架设作业

指在高处从事脚手架、跨越架架设或拆除的作业。

1.3.2 高处安装、维护、拆除作业

指在高处从事安装、维护、拆除的作业。

适用于利用专用设备进行建筑物内外装饰、清洁、装修,电力、电信等线路架设,高处管道架设,小型空调高处安装、维修,各种设备设施与户外广告设施的安装、检修、维护以及在高处从事建筑物、设备设施拆除作业。

1.4 制冷与空调作业

制冷与空调作业是指对大中型制冷与空调设备运行操作、安装与修理的作业,具体包括制冷与空调设备运行操作作业、制冷与空调设备安装修理作业等两个小类。

1.4.1 制冷与空调设备运行操作作业

指对各类生产经营企业和事业等单位的大中型制冷与空调设备运行操作的作业。

适用于化工类(石化、化工、天然气液化、工艺性空调)生产企业,机械类(冷加工、冷处理、工艺性空调)生产企业,食品类(酿造、饮料、速冻或冷冻调理食品、工艺性空调)生产企业,农副产品加工类(屠宰及肉食品加工、水产加工、果蔬加工)生产企业,仓储类(冷库、速冻加工、制冰)生产经营企业,运输类(冷藏运输)经营企业,服务类(电信机房、体育场馆、建筑的集中空调)经营企业和事业等单位的大中型制冷与空调设备运行操作作业。

1.4.2 制冷与空调设备安装修理作业

指对 1.4.1 所指制冷与空调设备整机、部件及相关系统进行安装、调试与维修的作业。

1.5 煤矿安全作业

煤矿安全作业具体包括煤矿井下电气作业、煤矿井下爆破作业、煤矿安全监测监控作业、煤矿瓦斯检查作业、煤矿安全检查作业、煤矿提升机操作作业、煤矿采煤机(掘进机)操作作业、煤矿瓦斯抽采作业、煤矿防突作业、煤矿探放水作业等十个小类。

1.5.1 煤矿井下电气作业

指从事煤矿井下机电设备的安装、调试、巡检、维修和故障处理,保证本班机电设备安全运行的作业。

适用于与煤共生、伴生的坑探、矿井建设、开采过程中的井下电钳等作业。

1.5.2　煤矿井下爆破作业

指在煤矿井下进行爆破的作业。

1.5.3　煤矿安全监测监控作业

指从事煤矿井下安全监测监控系统的安装、调试、巡检、维修，保证其安全运行的作业。

适用于与煤共生、伴生的坑探、矿井建设、开采过程中的安全监测监控作业。

1.5.4　煤矿瓦斯检查作业

指从事煤矿井下瓦斯巡检工作，负责管辖范围内通风设施的完好及通风、瓦斯情况检查，按规定填写各种记录，及时处理或汇报发现的问题的作业。

适用于与煤共生、伴生的矿井建设、开采过程中的煤矿井下瓦斯检查作业。

1.5.5　煤矿安全检查作业

指从事煤矿安全监督检查，巡检生产作业场所的安全设施和安全生产状况，检查并督促处理相应事故隐患的作业。

1.5.6　煤矿提升机操作作业

指操作煤矿的提升设备运送人员、矿石、矸石和物料，并负责巡检和运行记录的作业。

适用于操作煤矿提升机，包括立井、暗立井提升机，斜井、暗斜井提升机以及露天矿山斜坡卷扬提升的提升机作业。

1.5.7　煤矿采煤机（掘进机）操作作业

指在采煤工作面、掘进工作面操作采煤机、掘进机，从事落煤、装煤、掘进工作，负责采煤机、掘进机巡检和运行记录，保证采煤机、掘进机安全运行的作业。

适用于煤矿开采、掘进过程中的采煤机、掘进机作业。

1.5.8　煤矿瓦斯抽采作业

指从事煤矿井下瓦斯抽采钻孔施工、封孔、瓦斯流量测定及瓦斯抽采设备操作等，保证瓦斯抽采工作安全进行的作业。

适用于煤矿、与煤共生和伴生的矿井建设、开采过程中的煤矿地面和井下瓦斯抽采作业。

1.5.9　煤矿防突作业

指从事煤与瓦斯突出的预测预报、相关参数的收集与分析、防治突出措施的实施与检查、防突效果检验等,保证防突工作安全进行的作业。

适用于煤矿、与煤共生和伴生的矿井建设、开采过程中的煤矿井下煤与瓦斯防突作业。

1.5.10　煤矿探放水作业

指从事煤矿探放水的预测预报、相关参数的收集与分析、探放水措施的实施与检查、效果检验等,保证探放水工作安全进行的作业。

适用于煤矿、与煤共生和伴生的矿井建设、开采过程中的煤矿井下探放水作业。

1.6　金属非金属矿山安全作业

金属非金属矿山安全作业具体包括金属非金属矿井通风作业、尾矿作业、金属非金属矿山安全检查作业、金属非金属矿山提升机操作作业、金属非金属矿山支柱作业、金属非金属矿山井下电气作业、金属非金属矿山排水作业、金属非金属矿山爆破作业等八个小类。

1.6.1　金属非金属矿井通风作业

指安装井下局部通风机,操作地面主要扇风机、井下局部通风机和辅助通风机,操作、维护矿井通风构筑物,进行井下防尘,使矿井通风系统正常运行,保证局部通风,以预防中毒窒息和除尘等的作业。

1.6.2　尾矿作业

指从事尾矿库放矿、筑坝、巡坝、抽洪和排渗设施的作业。

适用于金属非金属矿山的尾矿作业。

1.6.3　金属非金属矿山安全检查作业

指从事金属非金属矿山安全监督检查,巡检生产作业场所的安全设施和安全生产状况,检查并督促处理相应事故隐患的作业。

1.6.4　金属非金属矿山提升机操作作业

指操作金属非金属矿山的提升设备运送人员、矿石、矸石和物料,及负责巡检和运行记录的作业。

适用于金属非金属矿山的提升机,包括竖井、盲竖井提升机,斜井、盲斜井提升机以及露天矿山斜坡卷扬提升的提升机作业。

1.6.5　金属非金属矿山支柱作业

指在井下检查井巷和采场顶、帮的稳定性,撬浮石,进行支护的作业。

1.6.6　金属非金属矿山井下电气作业

指从事金属非金属矿山井下机电设备的安装、调试、巡检、维修和故障处理,保证机电设备安全运行的作业。

1.6.7　金属非金属矿山排水作业

指从事金属非金属矿山排水设备日常使用、维护、巡检的作业。

1.6.8　金属非金属矿山爆破作业

指在露天和井下进行爆破的作业。

1.7　石油天然气安全作业

目前,石油天然气安全作业具体包括司钻作业。

司钻作业:

指石油、天然气开采过程中操作钻机起升钻具的作业。

适用于陆上石油、天然气司钻(含钻井司钻、作业司钻及勘探司钻)作业。

1.8　冶金(有色)生产安全作业

目前,冶金(有色)生产安全作业具体包括煤气作业。

煤气作业:

指冶金、有色企业内从事煤气生产、储存、输送、使用、维护检修的作业。

1.9　危险化学品安全作业

危险化学品安全作业是指从事危险化工工艺过程操作及化工

自动化控制仪表安装、维修、维护的作业,具体包括光气及光汽化工艺作业、氯碱电解工艺作业、氯化工艺作业、硝化工艺作业、合成氨工艺作业、裂解(裂化)工艺作业、氟化工艺作业、加氢工艺作业、重氮化工艺作业、氧化工艺作业、过氧化工艺作业、胺基化工艺作业、磺化工艺作业、聚合工艺作业、烷基化工艺作业、化工自动化控制仪表作业等十六个小类。

1.9.1　光气及光汽化工艺作业

指光气合成以及厂内光气储存、输送和使用岗位的作业。

适用于一氧化碳与氯气反应得到光气,光气合成双光气、三光气,采用光气作单体合成聚碳酸酯,甲苯二异氰酸酯(TDI)制备,4,4'-二苯基甲烷二异氰酸酯(MDI)制备等工艺过程的操作作业。

1.9.2　氯碱电解工艺作业

指氯化钠和氯化钾电解、液氯储存和充装岗位的作业。

适用于氯化钠(食盐)水溶液电解生产氯气、氢氧化钠、氢气,氯化钾水溶液电解生产氯气、氢氧化钾、氢气等工艺过程的操作作业。

1.9.3　氯化工艺作业

指液氯储存、汽化和氯化反应岗位的作业。

适用于取代氯化、加成氯化、氧氯化等工艺过程的操作作业。

1.9.4　硝化工艺作业

指硝化反应、精馏分离岗位的作业。

适用于直接硝化法、间接硝化法、亚硝化法等工艺过程的操作作业。

1.9.5　合成氨工艺作业

指压缩、氨合成反应、液氨储存岗位的作业。

适用于节能氨五工艺法(AMV),德士古水煤浆加压汽化法、凯洛格法,甲醇与合成氨联合生产的联醇法,纯碱与合成氨联合生产的联碱法,采用变换催化剂、氧化锌脱硫剂和甲烷催化剂的"三催化"气体净化法工艺过程的操作作业。

1.9.6　裂解(裂化)工艺作业

指石油系的烃类原料裂解(裂化)岗位的作业。

适用于热裂解制烯烃工艺,重油催化裂化制汽油、柴油、丙烯、丁烯,乙苯裂解制苯乙烯,二氟一氯甲烷(HCFC－22)热裂解制得四氟乙烯(TFE),二氟一氯乙烷(HCFC－142b)热裂解制得偏氟乙烯(VDF),四氟乙烯和八氟环丁烷热裂解制得六氟乙烯(HFP)工艺过程的操作作业。

1.9.7　氟化工艺作业

指氟化反应岗位的作业。

适用于直接氟化,金属氟化物或氟化氢气体氟化,置换氟化以及其他氟化物的制备等工艺过程的操作作业。

1.9.8　加氢工艺作业

指加氢反应岗位的作业。

适用于不饱和炔烃、烯烃的三键和双键加氢,芳烃加氢,含氧化合物加氢,含氮化合物加氢以及油品加氢等工艺过程的操作作业。

1.9.9　重氮化工艺作业

指重氮化反应、重氮盐后处理岗位的作业。

适用于顺法、反加法、亚硝酰硫酸法、硫酸铜触媒法以及盐析法等工艺过程的操作作业。

1.9.10　氧化工艺作业

指氧化反应岗位的作业。

适用于乙烯氧化制环氧乙烷,甲醇氧化制备甲醛,对二甲苯氧化制备对苯二甲酸,异丙苯经氧化-酸解联产苯酚和丙酮,环己烷氧化制环己酮,天然气氧化制乙炔,丁烯、丁烷、C4 馏分或苯的氧化制顺丁烯二酸酐,邻二甲苯或萘的氧化制备邻苯二甲酸酐,均四甲苯的氧化制备均苯四甲酸二酐,苊的氧化制 1,8-萘二甲酸酐,3-甲基吡啶氧化制 3-吡啶甲酸(烟酸),4-甲基吡啶氧化制 4-吡啶甲酸(异烟酸),2-乙基己醇(异辛醇)氧化制备 2-乙基己酸(异辛酸),对氯甲苯氧化制备对氯苯甲醛和对氯苯甲酸,甲苯氧化制备苯甲醛、苯甲酸,对硝基甲苯氧化制备对硝基苯甲酸,环十二醇/酮混合物的开环氧化制备十二碳二酸,环己酮/醇混合物的氧化制己二酸,乙二醛硝酸氧化法合成乙醛酸,以及丁醛氧化制丁酸以及氨氧化制硝酸等工艺过程的操作作业。

1.9.11 过氧化工艺作业

指过氧化反应、过氧化物储存岗位的作业。

适用于双氧水的生产,乙酸在硫酸存在下与双氧水作用制备过氧乙酸水溶液,酸酐与双氧水作用直接制备过氧二酸,苯甲酰氯与双氧水的碱性溶液作用制备过氧化苯甲酰,以及异丙苯经空气氧化生产过氧化氢异丙苯等工艺过程的操作作业。

1.9.12 胺基化工艺作业

指胺基化反应岗位的作业。

适用于邻硝基氯苯与氨水反应制备邻硝基苯胺,对硝基氯苯与氨水反应制备对硝基苯胺,间甲酚与氯化铵的混合物在催化剂和氨水作用下生成间甲苯胺,甲醇在催化剂和氨气作用下制备甲胺,1-硝基蒽醌与过量的氨水在氯苯中制备 1-氨基蒽醌,2,6-蒽醌二磺酸氨解制备 2,6-二氨基蒽醌,苯乙烯与胺反应制备 N-取代苯乙胺,环氧乙烷或亚乙基亚胺与胺或氨发生开环加成反应制备氨基乙醇或二胺,甲苯经氨氧化制备苯甲腈,以及丙烯氨氧化制备丙烯腈等工艺过程的操作作业。

1.9.13 磺化工艺作业

指磺化反应岗位的作业。

适用于三氧化硫磺化法,共沸去水磺化法,氯磺酸磺化法,烘焙磺化法,以及亚硫酸盐磺化法等工艺过程的操作作业。

1.9.14 聚合工艺作业

指聚合反应岗位的作业。

适用于聚烯烃、聚氯乙烯、合成纤维、橡胶、乳液、涂料粘合剂生产以及氟化物聚合等工艺过程的操作作业。

1.9.15 烷基化工艺作业

指烷基化反应岗位的作业。

适用于 C-烷基化反应,N-烷基化反应,O-烷基化反应等工艺过程的操作作业。

1.9.16 化工自动化控制仪表作业

指化工自动化控制仪表系统安装、维修、维护的作业。

1.10 烟花爆竹安全作业

烟花爆竹安全作业是指从事烟花爆竹生产、储存中的药物混合、造粒、筛选、装药、筑药、压药、搬运等危险工序的作业，具体包括烟火药制造作业、黑火药制造作业、引火线制造作业、烟花爆竹产品涉药作业、烟花爆竹储存作业等五个小类。

1.10.1 烟火药制造作业

指从事烟火药的粉碎、配药、混合、造粒、筛选、干燥、包装等作业。

1.10.2 黑火药制造作业

指从事黑火药的潮药、浆硝、包片、碎片、油压、抛光和包浆等作业。

1.10.3 引火线制造作业

指从事引火线的制引、浆引、漆引、切引等作业。

1.10.4 烟花爆竹产品涉药作业

指从事烟花爆竹产品加工中的压药、装药、筑药、褙药剂、已装药的钻孔等作业。

1.10.5 烟花爆竹储存作业

指从事烟花爆竹仓库保管、守护、搬运等作业。

1.11 安全监管总局认定的其他作业

2 特种作业人员的条件

依据《特种作业人员安全技术培训考核管理规定》第四条的规定，特种作业人员应当符合下列条件：

（1）年满18周岁，且不超过国家法定退休年龄；

（2）经社区或者县级以上医疗机构体检健康合格，并无妨碍从事相应特种作业的器质性心脏病、癫痫病、美尼尔氏症、眩晕症、癔病、震颤麻痹症、精神病、痴呆症以及其他疾病和生理缺陷；

（3）具有初中及以上文化程度；

（4）具备必要的安全技术知识与技能；

（5）相应特种作业规定的其他条件。

对于危险化学品特种作业人员，除符合上述第（1）项、第（2）项、第（4）项和第（5）项规定的条件外，应当具备高中或者相当于高中及以上文化程度。

这里需要说明的是第（5）项条件，这是针对不同岗位特种作业人员而设立的要求，如有的岗位特种作业人员对视力有要求。

3 特种作业人员的资格许可及监督管理

3.1 特种作业人员的资格许可

根据《行政许可法》的规定，国家对特种作业人员实施资格许可。《特种作业人员安全技术培训考核管理规定》第五条规定："特种作业人员必须经专门的安全技术培训并考核合格，取得《中华人民共和国特种作业操作证》（以下简称特种作业操作证）后，方可上岗作业。"这是强制性规定，也是行政许可。特种作业人员未取得特种作业操作证，不得上岗作业。

3.2 特种作业人员监督管理部门及职责

依据《特种作业人员安全技术培训考核管理规定》，特种作业人员的安全技术培训、考核、发证、复审工作实行统一监管、分级实施、教考分离的原则。

国家安全生产监督管理总局（以下简称安全监管总局）指导、监督全国特种作业人员的安全技术培训、考核、发证、复审工作；省、自治区、直辖市人民政府安全生产监督管理部门负责本行政区域特种作业人员的安全技术培训、考核、发证、复审工作。

国家煤矿安全监察局（以下简称煤矿安监局）指导、监督全国煤矿特种作业人员（含煤矿矿井使用的特种设备作业人员）的安全技术培训、考核、发证、复审工作；省、自治区、直辖市人民政府负责煤矿特种作业人员考核发证工作的部门或者指定的机构负责本行政区域煤矿特种作业人员的安全技术培训、考核、发证、复审工作。

省、自治区、直辖市人民政府安全生产监督管理部门和负责煤矿特种作业人员考核发证工作的部门或者指定的机构（以下统称考核发证机关）可以委托设区的市人民政府安全生产监督管理部门和负责煤矿特种作业人员考核发证工作的部门或者指定的机构实施特种作业人员的安全技术培训、考核、发证、复审工作。

4 特种作业人员的安全培训

4.1 培训方式及地点

依据国家有关法律法规的规定,对特种作业人员实行专门培训。《特种作业人员安全技术培训考核管理规定》第九条规定:"特种作业人员应当接受与其所从事的特种作业相应的安全技术理论培训和实际操作培训。跨省、自治区、直辖市从业的特种作业人员,可以在户籍所在地或者从业所在地参加培训。"特种作业人员的培训由安全技术理论培训和实际操作培训两部分组成。对于跨省、自治区、直辖市从业的特种作业人员,可以在户籍所在地参加培训,也可以在从业所在地参加培训,由自己选择。

4.2 免予培训

考虑到现有职业学校也开展相应的特种作业方面的教育,为使职业教育与特种作业人员培训有效衔接,避免重复培训,根据目前各地的实际情况,对取得职业高中、技术学校及中专以上学历的毕业生从事特种作业的,作出免予相关专业培训规定是必要的。为此,《特种作业人员安全技术培训考核管理规定》第九条规定:"已经取得职业高中、技工学校及中专以上学历的毕业生从事与其所学专业相应的特种作业,持学历证明经考核发证机关同意可以免予相关专业的培训。"这里需注意三点:

4.2.1 仅对已经取得职业高中、技工学校及中专以上学历的毕业生。这是学历上的要求。

4.2.2 毕业后从事与其所学专业相应的特种作业。尽管是取得上述学历的人员,但不从事其所学专业相应的特种作业,也不能免予培训。

4.2.3 经考核发证机关同意可以免予相关专业的安全技术理论培训。

4.3 培训机构的要求

依据《特种作业人员安全技术培训考核管理规定》,从事特种作业人员安全技术培训的机构要符合以下要求：

4.3.1 从事特种作业人员安全技术培训的机构（以下统称培训机构），必须按照有关规定取得安全生产培训资质证书后，方可从事特种作业人员的安全技术培训。

4.3.2 培训机构开展特种作业人员的安全技术培训，应当制订相应的培训计划、教学安排，并报有关考核发证机关审查、备案。

4.3.3 培训机构应当按照安全监管总局、煤矿安监局制定的特种作业人员培训大纲和煤矿特种作业人员培训大纲进行特种作业人员的安全技术培训。

5 特种作业人员的考核发证

5.1 考核方式

《特种作业人员安全技术培训考核管理规定》第十二条对特种作业人员的考核从以下几方面作出了规定：

5.1.1 特种作业人员的考核包括考试和审核两部分。考试由考核发证机关或其委托的单位负责。审核由考核发证机关负责。考核发证机关是指省、自治区、直辖市人民政府安全生产监督管理部门和负责煤矿特种作业人员考核发证工作的部门或者指定的机构，考核发证机关也可以委托设区的市人民政府安全生产监督管理部门和负责煤矿特种作业人员考核发证工作的部门或者指定的机构负责。目前，除煤矿以外的特种作业人员由省级或者委托市级安全生产监督管理部门负责。

5.1.2 建立统一考核标准和考试题库。安全监管总局、煤矿安监局分别制定特种作业人员、煤矿特种作业人员的考核标准，并建立相应的考试题库。

5.1.3 必须依照考核标准进行考核。考核发证机关或其委托的单位应当按照安全监管总局、煤矿安监局统一制定的考核标准进行考核。

5.2 考试程序

依据《特种作业人员安全技术培训考核管理规定》，特种作业人员的考试遵循以下程序：

5.2.1　参加特种作业操作资格考试的人员,应当填写考试申请表,由申请人或者申请人的用人单位持学历证明或者培训机构出具的培训证明向申请人户籍所在地或者从业所在地的考核发证机关或其委托的单位提出申请。

5.2.2　考核发证机关或其委托的单位收到申请后,应当在60日内组织考试。

5.2.3　特种作业操作资格考试包括安全技术理论考试和实际操作考试两部分。考试不及格的,允许补考1次。经补考仍不及格的,重新参加相应的安全技术培训。

5.2.4　考核发证机关或其委托承担特种作业操作资格考试的单位,应当在考试结束后10个工作日内公布考试成绩。

5.3　发证程序

依据《特种作业人员安全技术培训考核管理规定》,特种作业人员的发证遵循以下程序:

5.3.1　符合特种作业人员条件并经考试合格的特种作业人员,应当向其户籍所在地或者从业所在地的考核发证机关申请办理特种作业操作证,并提交身份证复印件、学历证书复印件、体检证明、考试合格证明等材料。

5.3.2　收到申请的考核发证机关应当在5个工作日内完成对特种作业人员所提交申请材料的审查,作出受理或者不予受理的决定。能够当场作出受理决定的,应当当场作出受理决定;申请材料不齐或者不符合要求的,应当当场或者在5个工作日内一次告知申请人需要补正的全部内容,逾期不告知的,视为自收到申请材料之日起即已被受理。

5.3.3　对已经受理的申请,考核发证机关应当在20个工作日内完成审核工作。符合条件的,颁发特种作业操作证;不符合条件的,说明理由。

5.4　特种作业操作证的有效期

《特种作业人员安全技术培训考核管理规定》第十九规定:"特种作业操作证有效期为6年,在全国范围内有效。特种作业操证由安全监管总局统一式样、标准及编号。"特种作业操作证是特种作业人员从事特种作业的资格许可凭证。为了防止弄虚作假、伪造、冒用、转让等行为，国家对特种作业操作证进行统一式样、标准及编号。用人单位雇用特种作业人员，可以通过考核发证机关查阅其特种作业操作证编号，以防假冒。

5.5　特种作业操作证的补发更换及更新

特种作业操作证是 IC 卡，里面记载特种作业人员本人的有关信息，包括安全培训的信息等。特种作业人员发现特种作业操作证遗失的，必须及时补发；发现有关信息变化或者损毁的，必须及时更换 IC 卡或者更新有关信息。为此，《特种作业人员安全技术培训考核管理规定》第十二条规定："特种作业操作证遗失的，应当向原考核发证机关提出书面申请，经原考核发证机关审查同意后，予以补发。特种作业操作证所记载的信息发生变化或者损毁的，应当向原考核发证机关提出书面申请，经原考核发证机关审查确认后，予以更换或者更新。"

6　特种作业操作证的复审

6.1　复审期限

《特种作业人员安全技术培训考核管理规定》第二十一条规定："特种作业操作证每 3 年复审 1 次。"

6.2　复审程序

依据《特种作业人员安全技术培训考核管理规定》，特种作业操作证复审遵循下列程序：

6.2.1　特种作业操作证需要复审的，应当在期满前 60 日内，由申请人或者申请人的用人单位向原考核发证机关或者从业所在地考核发证机关提出申请，并提交社区或者县级以上医疗机构出具的健康证明、从事特种作业的情况、安全培训考试合格记录。

特种作业操作证有效期届满需要延期换证的，应当按照上述规定申请延期复审。

6.2.2　申请复审的，考核发证机关应当在收到申请之日起 20 个工作日内完成复审工作。复审合格的，由考核发证机关签章、登记,予以确认;不合格的,说明理由。

申请延期复审的,经复审合格后,由考核发证机关重新颁发特种作业操作证。

6.3　复审培训

为了保证特种作业人员及时掌握有关法律、法规、标准及新工艺、新技术、新装备的知识,规定特种作业人员复审或者延期复审前必须进行必要的培训。《特种作业人员安全技术培训考核管理规定》第二十三条规定:"特种作业操作证申请复审或者延期复审前,特种作业人员应当参加必要的安全培训并考试合格。安全培训时间不少于8个学时,主要培训法律、法规、标准、事故案例和有关新工艺、新技术、新装备等知识。"

6.4　复审不予通过

为了保证复审的效果,依据《特种作业人员安全技术培训考核管理规定》第二十五条规定,特种作业人员有下列情形之一的,复审或者延期复审不予通过:

6.4.1　健康体检不合格的;

6.4.2　违章操作造成严重后果或者有2次以上违章行为,并经查证确实的;

6.4.3　有安全生产违法行为,并给予行政处罚的;

6.4.4　拒绝、阻碍安全生产监管监察部门监督检查的;

6.4.5　未按规定参加安全培训,或者考试不合格的;

6.4.6　所持特种作业操作证存在被撤销或者注销情形的。

6.5　重新培训

《特种作业人员安全技术培训考核管理规定》第二十六条规定,特种作业操作证复审或者延期复审符合不予通过规定条件的第(2)项、第(3)项、第(4)项、第(5)项情形的,按照本规定经重新安全培训考试合格后,再办理复审或者延期复审。

6.6　特种作业操作证失效

为了加强特种作业操作证的复审工作,《特种作业人员安全技术培训考核管理规定》第二十六条规定:"再复审、延期复审仍不合格,或者未按期复审的,特种作业操作证失效。"特种作业操作证失效后,特种作业人员必须按照初次申请特种作业操作证的程序,经安全培训合格后重新申请办理。

7 特种作业操作证的监督管理

7.1 撤销特种作业操作证

依据《特种作业人员安全技术培训考核管理规定》第三十条规定,有下列情形之一的,考核发证机关应当撤销特种作业操作证:

7.1.1 超过特种作业操作证有效期未延期复审的;

7.1.2 特种作业人员的身体条件已不适合继续从事特种作业的;

7.1.3 对发生生产安全事故负有责任的;

7.1.4 特种作业操作证记载虚假信息的;

7.1.5 以欺骗、贿赂等不正当手段取得特种作业操作证的。

特种作业人员违反上述第4项、第5项规定的,3年内不得再次申请特种作业操作证。

7.2 注销特种作业操作证

依据《特种作业人员安全技术培训考核管理规定》第三十一条规定,有下列情形之一的,考核发证机关应当注销特种作业操作证:

7.2.1 特种作业人员死亡的。

7.2.2 特种作业人员提出注销申请的。

7.2.3 特种作业操作证被依法撤销的。

7.3 离岗6个月须实际操作考试

《特种作业人员安全技术培训考核管理规定》第三十二条规定:"离开特种作业岗位6个月以上的特种作业人员,应当重新进行实际操作考试,经确认合格后方可上岗作业。"根据此规定,持有特种作业操作证书,离开特种作业岗位6个月以上的特种作业人员,重新回到原工作过的岗位上岗前,必须到考核发证机关或者委托的单位进行实际操作考试,经确认合格后方可上岗作业。

7.4 考核发证机关的监督检查

依据《特种作业人员安全技术培训考核管理规定》从下列四个方面对考核发证机关的监督检查作出规定：

7.4.1 考核发证机关或其委托的单位及其工作人员应当忠于职守、坚持原则、廉洁自律，按照法律、法规、规章的规定进行特种作业人员的考核、发证、复审工作，接受社会的监督。

7.4.2 考核发证机关应当加强对特种作业人员的监督检查，发现其具有撤销特种作业操作证情形的，及时撤销特种作业操作证；对依法应当给予行政处罚的安全生产违法行为，按照有关规定依法对生产经营单位及其特种作业人员实施行政处罚。

7.4.3 考核发证机关应当建立特种作业人员管理信息系统，方便用人单位和社会公众查询；对于注销特种作业操作证的特种作业人员，应当及时向社会公告。

7.4.4 省、自治区、直辖市人民政府安全生产监督管理部门和负责煤矿特种作业人员考核发证工作的部门或者指定的机构应当每年分别向安全监管总局、煤矿安监局报告特种作业人员的考核发证情况。

7.5 生产经营单位的责任

依据《特种作业人员安全技术培训考核管理规定》，生产经营单位应当加强对本单位特种作业人员的管理，建立健全特种作业人员培训、复审档案，做好申报、培训、考核、复审的组织工作和日常的检查工作。特种作业人员在劳动合同期满后变动工作单位的，原工作单位不得以任何理由扣押其特种作业操作证。生产经营单位不得印制、伪造、倒卖特种作业操作证，或者使用非法印制、伪造、倒卖的特种作业操作证。

7.6 特种作业人员的责任

依据《特种作业人员安全技术培训考核管理规定》，跨省、自治区、直辖市从业的特种作业人员应当接受从业所在地考核发证机关的监督管理。特种作业人员不得伪造、涂改、转借、转让、冒用特种作业操作证或者使用伪造的特种作业操作证。

8 生产经营单位、特种作业人员违反规定的处罚

8.1 生产经营单位未建立档案的处罚

《特种作业人员安全技术培训考核管理规定》第三十九条规定:"生产经营单位未建立健全特种作业人员档案的,给予警告,并处1万元以下的罚款。"

8.2 生产经营单位违反规定使用特种作业人员的处罚

《特种作业人员安全技术培训考核管理规定》第四十条规定:"生产经营单位使用未取得特种作业操作证的特种作业人员上岗作业的,责令限期改正;逾期未改正的,责令停产停业整顿,可以并处2万元以下的罚款。"

煤矿企业使用未取得特种作业操作证的特种作业人员上岗作业的,依照《国务院关于预防煤矿生产安全事故的特别规定》的规定处罚。

8.3 生产经营单位非法印刷等行为的处罚

《特种作业人员安全技术培训考核管理规定》第四十一条规定:"生产经营单位非法印制、伪造、倒卖特种作业操作证,或者使用非法印制、伪造、倒卖的特种作业操作证的,给予警告,并处1万元以上3万元以下的罚款;构成犯罪的,依法追究刑事责任。"

8.4 特种作业人员违反规定的处罚

《特种作业人员安全技术培训考核管理规定》第四十二条规定:"特种作业人员伪造、涂改特种作业操作证或者使用伪造的特种作业操作证的,给予警告,并处1 000元以上5 000元以下的罚款。特种作业人员转借、转让、冒用特种作业操作证的,给予警告,并处2 000元以上10 000元以下的罚款。"

第四节　焊接与切割安全

（GB 9448—1999）

前言

本标准是根据美国标准 ANSI/AWS Z49.1《焊接与切割安全》对 GB 9448—1988《焊接与切割安全》进行修订的,在技术要素上与之等效;在具体技术内容方面有如下变动:

——本标准以我国标准作为引用依据。由于标准体系的不同,在引用相关标准技术内容的部分,做了不同程度上的调整,文字叙述上亦有相应的改动。

——ANSI/AWS Z49.1《焊接与切割安全》中个别内容重复、难以操作的部分结合我国的实际国情均做了适当删改。

——根据我国的实际情况,保留了 ANSI/AWS Z49.1《焊接与切割安全》中没有、但在原标准中存在、而且证明确实有效合理的技术内容。

——本标准主要适用于一般的焊接、切割操作,故删除了原标准中与操作基本无关的内容及特殊的安全要求,如:登高作业、汇流排系统中的设计、安装细节等。

——根据技术内容的编排需要,本标准增加了附录部分。

本标准自实施之日起,同时代替 GB 9448—1988。

本标准的附录 A、附录 B 和附录 C 均为提示的附录。

本标准由国家机械工业局提出。

本标准由全国焊接标准化技术委员会归口。

本标准主要负责起草单位:哈尔滨焊接研究所。

本标准主要起草人:朴东光、张伶。

第一分篇　通用规则

1　范围

本标准规定了在实施焊接、切割操作过程中避免人身伤害及财产损失所必须遵循的基本原则。

本标准为安全地实施焊接、切割操作提供了依据。

2 引用标准

下列标准所包含的条文,通过在本标准中引用而构成为本标准的条文。本标准出版时,所示版本均为有效。所有标准都会被修订,使用本标准的各方应探讨使用下列标准最新版本的可能性。

GBJ 87—1985 工业企业噪声控制设计规范

GB/T 2550—1992 焊接及切割用橡胶软管 氧气橡胶软管

GB/T 2551—1992 焊接及切割用橡胶软管 乙炔橡胶软管

GB/T 3609.1—1994 焊接眼、面防护具

GB/T 4064—1983 电气设备安全设计导则

GB/T 5107—1985 焊接和切割用软管接头

GB 7144—1985 气瓶颜色标记

GB/T 11651—1989 劳动防护用品选用规则

GB 15578—1995 电阻焊机的安全要求

GB 15579—1995 弧焊设备安全要求 第一部分:焊接电源

GB 15701—1995 焊接防护服

GB 16194—1996 车间空气中电焊烟尘卫生标准

JB/T 5101—1991 气割机用割炬

JB/T 6968—1993 便携式微型焊炬

JB/T 6969—1993 射吸式焊炬

JB/T 6970—1993 射吸式割炬

JB 7496—1994 焊接、切割及类似工艺用气瓶减压器安全规范

JB/T 7947—1995 等压式焊炬、割炬

3 总则

3.1 设备及操作

3.1.1 设备条件

所有运行使用中的焊接、切割设备必须处于正常的工作状态,存在安全隐患(如:安全性或可靠性不足)时,必须停止使用并由维修人员修理。

3.1.2 操作

所有的焊接与切割设备必须按制造厂提供的操作说明书或规程使用,并且还必须符合本标准要求。

3.2 责任

管理者、监督者和操作者对焊接及切割的安全实施负有各自的责任。

3.2.1 管理者

管理者必须对实施焊接及切割操作的人员及监督人员进行必要的安全培训。培训内容包括设备的安全操作、工艺的安全执行及应急措施等。

管理者有责任将焊接、切割可能引起的危害及后果以适当的方式(如:安全培训教育、口头或书面说明、警告标志等)通告给实施操作的人员。

管理者必须标明允许进行焊接、切割的区域,并建立必要的安全措施。

管理者必须明确在每个区域内单独的焊接及切割操作规则。并确保每个有关人员对所涉及的危害有清醒的认识并且了解相应的预防措施。

管理者必须保证只使用经过认可并检查合格的设备(诸如焊割机具、调节器、调压阀、焊机、焊钳及人员防护装置)。

3.2.2 现场管理及安全监督人员

焊接或切割现场应设置现场管理和安全监督人员。这些监督人员必须对设备的安全管理及工艺的安全执行负责。在实施监督职责的同时,他们还可担负其他职责,如现场管理、技术指导、操作协作等。

监督者必须保证:

——各类防护用品得到合理使用;

——在现场适当地配置防火及灭火设备;

——指派火灾警戒人员;

——所要求的热作业规程得到遵循。

在不需要火灾警戒人员的场合,监督者必须要在热工作业完成后做最终检查并组织消灭可能存在的火灾隐患。

3.2.3 操作者

操作者必须具备对特种作业人员所要求的基本条件,并懂得将要实施操作时可能产生的危害以及适用于控制危害条件的程序。操作者必须安全地使用设备,使之不会对生命及财产构成危害。

操作者只有在规定的安全条件得到满足并得到现场管理及监督者准许的前提下,才可实施焊接或切割操作。在获得准许的条件没有变化时,操作者可以连续地实施焊接或切割。

4 人员及工作区域的防护

4.1 工作区域的防护

4.1.1 设备

焊接设备、焊机、切割机具、钢瓶、电缆及其他器具必须放置稳妥并保持良好的秩序,使之不会对附近的作业或过往人员构成妨碍。

4.1.2 警告标志

焊接和切割区域必须予以明确标明,并且应有必要的警告标志。

4.1.3 防护屏板

为了防止作业人员或邻近区域的其他人员受到焊接及切割电弧的辐射及飞溅伤害,应用不可燃或耐火屏板(或屏罩)加以隔离保护。

4.1.4 焊接隔间

在准许操作的地方、焊接场所,必要时可用不可燃屏板或屏罩隔开形成焊接隔间。

4.2 人身防护

在依据 GB/T 11651 选择防护用品的同时,还应做如下考虑:

4.2.1 眼睛及面部防护

作业人员在观察电弧时,必须使用带有滤光镜的头罩或手持面罩,或佩戴安全镜、护目镜或其他合适的眼镜。辅助人员亦应佩戴类似的眼保护装置。

面罩及护目镜必须符合 GB/T 3609.1 的要求。

对于大面积观察(诸如培训、展示、演示及一些自动焊操作),可以使用一个大面积的滤光窗、幕而不必使用单个的面罩、手提罩或护目镜。窗或幕材料必须对观察者提供安全的保护效果,使其免受弧光、碎渣飞溅的伤害。

镜片遮光号可参照表1-1选择。

表1-1　护目镜遮光号的选择指南

焊接方法	焊条尺寸 /mm	电弧电流 /A	最低遮光号	推荐 遮光号*)
手工电弧焊	<2.5	<60	7	—
	2.5～4	60～160	8	10
	4～6.4	160～250	10	12
	>6.4	250～550	11	14
气体保护电弧焊及药芯焊丝电弧焊	—	<60	7	—
		60～160	10	11
		160～250	10	12
		250～500	10	14
钨极气体保护电弧焊	—	<50	8	10
		50～100	8	12
		150～500	10	14
空气碳弧切割	—	<500	10	12
		500～1 000	11	14
等离子弧焊接	—	<20	6	6～8
		20～100	8	10
		100～400	10	12
		400～800	11	14
等离子弧切割	**)	<300	8	9
		300～400	9	12
		400～800	10	14

焊接方法	焊条尺寸 /mm	电弧电流 /A	最低遮光号	推荐遮光号*)
焊炬硬钎焊	—	—	—	3 或 4
爆炬软钎焊	—	—	—	2
碳弧焊	—	—	—	14
气焊	板厚,mm <3 3~13 >13		—	4 或 5 5 或 6 6 或 8
气割	板厚,mm <25 25~150 >150		—	3 或 4 4 或 5 5 或 6

*)根据经验,开始使用太暗的镜片难以看清焊接区,因而建议使用可看清焊接区域的适宜镜片,但遮光号不要低于下限值。在氧燃气焊接或切割时焊炬产生亮黄光的地方,希望使用滤光镜以吸收操作视野范围内的黄线或紫外线。

**)这些数值适用于实际电弧清晰可见的地方,经验表明,当电弧被工件所遮蔽时,可以使用轻度的滤光镜。

4.2.2 身体保护

4.2.2.1 防护服

防护服应根据具体的焊接和切割操作特点选择。防护服必须符合 GB 15701 的要求,并可以提供足够的保护面积。

4.2.2.2 手套

所有焊工和切割工必须佩戴耐火的防护手套,相关标准参见附录 C(提示的附录)。

4.2.2.3 围裙

当身体前部需要对火花和辐射做附加保护时,必须使用经久耐火的皮制或其他材质的围裙。

4.2.2.4 护腿

需要对腿做附加保护时,必须使用耐火的护腿或其他等效的用具。

4.2.2.5 披肩、斗篷及套袖

在进行仰焊、切割或其他操作过程中,必要时必须佩戴皮制或其他耐火材质的套袖或披肩罩,也可在头罩下佩带耐火质地的斗篷以防头部灼伤。

4.2.2.6 其他防护服

当噪声无法控制在 GBJ 87 规定的允许声级范围内时,必须采用保护装置(诸如耳套、耳塞或用其他适当的方式保护)。

4.3 呼吸保护设备

利用通风手段无法将作业区域内的空气污染降至允许限值或这类控制手段无法实施时,必须使用呼吸保护装置,如长管面具、防毒面具等(相关标准参见附录 C)。

5 通风

5.1 充分通风

为了保证作业人员在无害的呼吸氛围内工作,所有焊接、切割、钎焊及有关的操作必须要在足够的通风条件下(包括自然通风或机械通风)进行。

5.2 防止烟气流

必须采取措施避免作业人员直接呼吸到焊接操作所产生的烟气流。

5.3 通风的实施

为了确保车间空气中焊接烟尘的污染程度低于 GB 16194 的规定值,可根据需要采用各种通风手段(如:自然通风、机械通风等)。

6 消防措施

6.1 防火职责

必须明确焊接操作人员、监督人员及管理人员的防火职责,并建立切实可行的安全防火管理制度。

6.2 指定的操作区域

焊接及切割应在为减少火灾隐患而设计、建造(或特殊指定)的区域内进行。因特殊原因需要在非指定的区域内进行焊接或切割操作时,必须经检查、核准。

6.3 放有易燃物区域的热作业条件

焊接或切割作业只能在无火灾隐患的条件下实施。

6.3.1 转移工件

有条件时,首先要将工件移至指定的安全区进行焊接。

6.3.2 转移火源

工件不可移时,应将火灾隐患周围所有可移动物移至安全位置。

6.3.3 工件及火源无法转移

工件及火源无法转移时,要采取措施限制火源以免发生火灾,如:

a) 易燃地板要清扫干净,并以洒水、铺盖湿沙、金属薄板或类似物品的方法加以保护。

b) 地板上的所有开口或裂缝应覆盖或封好,或者采取其他措施以防地板下面的易燃物与可能由开口处落下的火花接触。对墙壁上的裂缝或开口、敞开或损坏的门、窗亦要采取类似的措施。

6.4 灭火

6.4.1 灭火器及喷水器

在进行焊接及切割操作的地方必须配置足够的灭火设备。其配置取决于现场易燃物品的性质和数量,可以是水池、沙箱、水龙带、消防栓或手提灭火器。在有喷水器的地方,在焊接或切割过程中,喷水器必须处于可使用状态。如果焊接地点距自动喷水头很近,可根据需要用不可燃的薄材或潮湿的棉布将喷头临时遮蔽。而且这种临时遮蔽要便于迅速拆除。

6.4.2 火灾警戒人员的设置

在下列焊接或切割的作业点及可能引发火灾的地点,应设置火灾警戒人员:

a）靠近易燃物之处　建筑结构或材料中的易燃物距作业点 10 m 以内。

b）开口　在墙壁或地板有开口的 10 m 半径范围内（包括墙壁或地板内的隐蔽空间）放有外露的易燃物。

c）金属墙壁　靠近金属间壁、墙壁、天花板、屋顶等处另一侧易受传热或辐射而引燃的易燃物。

d）船上作业　在油箱、甲板、顶架和舱壁进行船上作业时，焊接时透过的火花、热传导可能导致隔壁舱室起火。

6.4.3　火灾警戒职责

火灾警戒人员必须经必要的消防训练，并熟知消防紧急处理程序。

火灾警戒人员的职责是监视作业区域内的火灾情况；在焊接或切割完成后检查并消灭可能存在的残火。

火灾警戒人员可以同时承担其他职责，但不得对其火灾警戒任务有干扰。

6.5　装有易燃物容器的焊接或切割

当焊接或切割装有易燃物的容器时，必须采取特殊的安全措施并经严格检查批准方可作业，否则严禁开始工作。

7　封闭空间内的安全要求

在封闭空间内作业时要求采取特殊的措施。

注：封闭空间是指一种相对狭窄或受限制的空间，诸如箱体、锅炉、容器、舱室等等。"封闭"意味着由于结构、尺寸、形状而导致恶劣的通风条件。

7.1　封闭空间内的通风

除了正常的通风要求之外，封闭空间内的通风还要求防止可燃混合气的聚集及大气中富氧。

7.1.1　人员的进入

封闭空间内在未进行良好的通风之前禁止人员进入。如要进入，必须佩戴合适的供气呼吸设备并由戴有类似设备的他人监护。

必要时在进入之前，对封闭空间要进行毒气、可燃气、有害气、氧量等的测试,确认无害后方可进入。

7.1.2 邻近的人员

封闭空间内适宜的通风不仅必须确保焊工或切割工自身的安全,还要确保区域内所有人员的安全。

7.1.3 使用的空气

通风所使用的空气,其数量和质量必须保证封闭空间内的有害物质污染浓度低于规定值。

供给呼吸器或呼吸设备的压缩空气必须满足正常的呼吸要求。

呼吸器的压缩空气管必须是专用管线,不得与其他管路相连接。

除了空气之外,氧气、其他气体或混合气不得用于通风。

在对生命和健康有直接危害的区域内实施焊接、切割或相关工艺作业时,必须采用强制通风、供气呼吸设备或其他合适的方式。

7.2 使用设备的安置

7.2.1 气瓶及焊接电源

在封闭空间内实施焊接及切割时,气瓶及焊接电源必须放置在封闭空间的外面。

7.2.2 通风管

用于焊接、切割或相关工艺局部抽气通风的管道必须由不可燃材料制成。这些管道必须根据需要进行定期检查以保证其功能稳定,其内表面不得有可燃残留物。

7.3 相邻区域

在封闭空间邻近处实施焊接或切割而使得封闭空间内存在危险时,必须使人们知道封闭空间内的危险后果,在缺乏必要的保护措施条件下严禁进入这样的封闭空间。

7.4 紧急信号

当作业人员从人孔或其他开口处进入封闭空间时,必须具备向外部人员提供救援信号的手段。

7.5 封闭空间的监护人员

在封闭空间内作业时,如存在着严重危害生命安全的气体,封闭空间外面必须设置监护人员。

监护人员必须具有在紧急状态下迅速救出或保护里面作业人员的救护措施;具备实施救援行动的能力。他们必须随时监护里面作业人员的状态并与他们保持联络,备好救护设备。

8 公共展览及演示

在公共场所进行焊接、切割操作的展览、演示时,除了保障操作者的人身安全之外,还必须保证观众免受弧光、火花、电击、辐射等伤害。

9 警告标志

在焊接及切割作业所产生的烟尘、气体、弧光、火花、电击、热、辐射及噪声可能导致危害的地方,应通过使用适当的警告标志使人们对这些危害有清楚的了解。

第二分篇 专用规则

10 氧燃气焊接及切割安全

10.1 一般要求

10.1.1 与乙炔相接触的部件

所有与乙炔相接触的部件(包括仪表、管路、附件等)不得由铜、银以及铜(或银)含量超过70%的合金制成。

10.1.2 氧气与可燃物的隔离

氧气瓶、气瓶阀、接头、减压器、软管及设备必须与油、润滑脂及其他可燃物或爆炸物相隔离。严禁用沾有油污的手或带有油迹的手套去触碰氧气瓶或氧气设备。

10.1.3 密封性试验

检验气路连接处密封性时,严禁使用明火。

10.1.4 氧气的禁止使用

严禁用氧气代替压缩空气使用。氧气严禁用于气动工具、油预热炉、启动内燃机、吹通管路、衣服及工件的除尘,为通风而加压或类似的应用。氧气喷流严禁喷至带油的表面、带油脂的衣服或进入燃油或其他贮罐内。

10.1.5 氧气设备

用于氧气的气瓶、设备、管线或仪器严禁用于其他气体。

10.1.6 气体混合的附件

未经许可,禁止装设可能使空气或氧气与可燃气体在燃烧前(不包括燃烧室或焊炬内)相混合的装置或附件。

10.2 焊炬及割炬

只有符合有关标准(如 JB/T 5101、JB/T 6968、JB/T 6969、JB/T 6970 和 JB/T 7947 等)的焊炬和割炬才允许使用。

使用焊炬、割炬时,必须遵守制造商关于焊、割炬点火、调节及熄火的程序规定。点火之前,操作者应检查焊、割炬的气路是否通畅、射吸能力、气密性等等。

点火时应使用摩擦打火机、固定的点火器或其他适宜的火种。焊割炬不得指向人员或可燃物。

10.3 软管及软管接头

用于焊接与切割输送气体的软管,如氧气软管和乙炔软管,其结构、尺寸、工作压力、机械性能、颜色必须符合 GB/T 2550、GB/T 2551 的要求。软管接头则必须满足 GB/T 5107 的要求。

禁止使用泄漏、烧坏、磨损、老化或有其他缺陷的软管。

10.4 减压器

只有经过检验合格的减压器才允许使用。减压器的使用必须严格遵守 JB 7496 的有关规定。

减压器只能用于设计规定的气体及压力。

减压器的连接螺纹及接头必须保证减压器安在气瓶阀或软管上之后连接良好、无任何泄漏。

减压器在气瓶上应安装合理、牢固。采用螺纹连接时,应拧足五个螺扣以上;采用专门的夹具压紧时,装卡应平整牢固。

从气瓶上拆卸减压器之前,必须将气瓶阀关闭并将减压器内的剩余气体释放干净。

同时使用两种气体进行焊接或切割时,不同气瓶减压器的出口端都应装上各自的单向阀,以防止气流相互倒灌。

当减压器需要修理时,维修工作必须由经劳动、计量部门考核认可的专业人员完成。

10.5 气瓶

所有用于焊接与切割的气瓶都必须按有关标准及规程[参见附录 A(提示的附录)]制造、管理、维护并使用。

使用中的气瓶必须进行定期检查,使用期满或送检未合格的气瓶禁止继续使用。

10.5.1 气瓶的充气

气瓶的充气必须按规定程序由专业部门承担,其他人不得向气瓶内充气。除气体供应者以外,其他人不得在一个气瓶内混合气体或从一个气瓶向另一个气瓶倒气。

10.5.2 气瓶的标志

为了便于识别气瓶内的气体成分,气瓶必须按 GB 7144 规定做明显标志。其标志必须清晰、不易去除。标志模糊不清的气瓶禁止使用。

10.5.3 气瓶的储存

气瓶必须储存在不会遭受物理损坏或使气瓶内储存物的温度超过 40 ℃的地方。

气瓶必须储放在远离电梯、楼梯或过道,不会被经过或倾倒的物体碰翻或损坏的指定地点。在储存时,气瓶必须稳固以免翻倒。

气瓶在储存时必须与可燃物、易燃液体隔离,并且远离容易引燃的材料(诸如木材、纸张、包装材料、油脂等)至少 6 m 以上,或用至少 1.6 m 高的不可燃隔板隔离。

10.5.4 气瓶在现场的安放、搬运及使用

气瓶在使用时必须稳固竖立或装在专用车(架)或固定装置上。

气瓶不得置于受阳光暴晒、热源辐射及可能受到电击的地方。气瓶必须距离实际焊接或切割作业点足够远(一般为 5 m 以上),以免接触火花、热渣或火焰,否则必须提供耐火屏障。

气瓶不得置于可能使其本身成为电路一部分的区域。避免与电动机车轨道、无轨电车电线等接触。气瓶必须远离散热器、管路系统、电路排线等，及可能供接地（如电焊机）的物体。禁止用电极敲击气瓶，在气瓶上引弧。

搬运气瓶时，应注意：

——关紧气瓶阀，而且不得提拉气瓶上的阀门保护帽；

——用吊车、起重机运送气瓶时，应使用吊架或合适的台架，不得使用吊钩、钢索或电磁吸盘。

——避免可能损伤瓶体、瓶阀或安全装置的剧烈碰撞。

气瓶不得作为滚动支架或支撑重物的托架。

气瓶应配置手轮或专用扳手启闭瓶阀。气瓶在使用后不得放空，必须留有不小于 98～196 kPa 表压的余气。

当气瓶冻住时，不得在阀门或阀门保护帽下面用撬杠撬动气瓶松动。应使用 40 ℃ 以下的温水解冻。

10.5.5 气瓶的开启

10.5.5.1 气瓶阀的清理

将减压器接到气瓶阀门之前，阀门出口处首先必须用无油污的清洁布擦拭干净，然后快速打开阀门并立即关闭以便清除阀门上的灰尘或可能进入减压器的脏物。

清理阀门时操作者应站在排出口的侧面，不得站在其前面。不得在其他焊接作业点，存在着火花、火焰（或可能引燃）的地点附近清理气瓶阀。

10.5.5.2 开启氧气瓶的特殊程序

减压器安在氧气瓶上之后，必须进行以下操作：

a）首先调节螺杆并打开顺流管路，排放减压器的气体。

b）其次，调节螺杆并缓慢打开气瓶阀，以便在打开阀门前使减压器气瓶压力表的指针始终慢慢地向上移动。打开气瓶阀时，应站在瓶阀气体排出方向的侧面而不要站在其前面。

c）当压力表指针达到最高值后，阀门必须完全打开以防气体沿阀杆泄漏。

10.5.5.3　乙炔气瓶的开启

开启乙炔气瓶的瓶阀时应缓慢,严禁开至超过 1.5 圈,一般只开至 3/4 圈以内以便在紧急情况下迅速关闭气瓶。

10.5.5.4　使用的工具

配有手轮的气瓶阀门不得用榔头或扳手开启。

未配有手轮的气瓶,使用过程中必须在阀柄上备有把手、手柄或专用扳手,以便在紧急情况下可以迅速关闭气路。在多个气瓶组装使用时,至少要备有一把这样的扳手以备急用。

10.5.6　其他

气瓶在使用时,其上端禁止放置物品,以免损坏安全装置或妨碍阀门的迅速关闭。使用结束后,气瓶阀必须关紧。

10.5.7　气瓶的故障处理

10.5.7.1　泄漏

如果发现燃气气瓶的瓶阀周围有泄漏,应关闭气瓶阀拧紧密封螺帽。

当气瓶泄漏无法阻止时,应将燃气气瓶移至室外,远离所有起火源,并做相应的警告通知。缓缓打开气瓶阀,逐渐释放内存的气体。

有缺陷的气瓶或瓶阀应做适宜标志,并送专业部门修理,经检验合格后方可重新使用。

10.5.7.2　火灾

气瓶泄漏导致的起火可通过关闭瓶阀,采用水、湿布、灭火器等手段予以熄灭。

在气瓶起火无法通过上述手段熄灭的情况下,必须将该区域做疏散,并用大量水流浇湿气瓶,使其保持冷却。

10.6　汇流排的安装与操作

在气体用量集中的场合可以采用汇流排供气。汇流排的设计、安装必须符合有关标准规程的要求。汇流排系统必须合理地设置回火保险器、气阀、逆止阀、减压器、滤清器、事故排放管等。安装在汇流排系统的这些部件均应经过单件或组合件的检验认可,并证明符合汇流排系统的安全要求。

气瓶汇流排的安装必须在对其结构和使用熟悉的人员监督下进行。

乙炔气瓶和液化气气瓶必须在直立位置上汇流。与汇流排连接并供气的气瓶,其瓶内的压力应基本相等。

11 电弧焊接及切割安全

11.1 一般要求

11.1.1 弧焊设备

根据工作情况选择弧焊设备时,必须要考虑到焊接的各方面安全因素。进行电弧焊接与切割时所使用的设备必须符合相应的焊接设备标准规定,参见附录B(提示的附录),还必须满足GB 15579的安全要求。

11.1.2 操作者

被指定操作弧焊与切割设备的人员必须在这些设备的维护及操作方面经适宜的培训及考核,其工作能力应得到必要的认可。

11.1.3 操作程序

每台(套)弧焊设备的操作程序应完备。

11.2 弧焊设备的安装

弧焊设备的安装必须在符合GB/T 4064规定的基础上,满足下列要求。

11.2.1 设备的工作环境与其技术说明书规定相符,安放在通风、干燥、无碰撞或无剧烈震动、无高温、无易燃品存在的地方。

11.2.2 在特殊环境条件下(如室外的雨雪中,温度、湿度、气压超出正常范围或具有腐蚀、爆炸危险的环境),必须对设备采取特殊的防护措施以保证其正常的工作性能。

11.2.3 当特殊工艺需要高于规定的空载电压值时,必须对设备提供相应的绝缘方法(如采用空载自动断电保护装置)或其他措施。

11.2.4 弧焊设备外露的带电部分必须设置完好的保护,以防人员或金属物体(如货车、起重机吊钩等)与之相接触。

11.3 接地

焊机必须以正确的方法接地(或接零)。接地(或接零)装置必须连接良好,永久性的接地(或接零)应做定期检查。

禁止使用氧气、乙炔等易燃易爆气体管道作为接地装置。

在有接地(或接零)装置的焊件上进行弧焊操作,或焊接与大地密切连接的焊件(如管道、房屋的金属支架等)时,应特别注意避免焊机和工件的双重接地。

11.4 焊接回路

11.4.1 构成焊接回路的焊接电缆必须适合于焊接的实际操作条件。

11.4.2 构成焊接回路的电缆外皮必须完整、绝缘良好(绝缘电阻大于 1 MΩ)。用于高频、高压振荡器设备的电缆,必须具有相应的绝缘性能。

11.4.3 焊机的电缆应使用整根导线,尽量不带连接接头。需要接长导线时,接头处要连接牢固、绝缘良好。

11.4.4 构成焊接回路的电缆禁止搭在气瓶等易燃品上,禁止与油脂等易燃物质接触。在经过通道、马路时,必须采取保护措施(如使用保护套)。

11.4.5 能导电的物体(如管道、轨道、金属支架、暖气设备等)不得用作焊接回路的永久部分。但在建造、延长或维修时可以考虑作为临时使用,其前提是必须经检查确认所有接头处的电气连接良好,任何部位不会出现火花或过热。此外,必须采取特殊措施以防事故的发生。锁链、钢丝绳、起重机、卷扬机或升降机不得用来传输焊接电流。

11.5 操作

11.5.1 安全操作规程

指定操作或维修弧焊设备的作业人员必须了解、掌握并遵守有关设备安全操作规程及作业标准。此外,还必须熟知本标准的有关安全要求(诸如人员防护、通风、防火等内容)。

11.5.2　连线的检查

完成焊机的接线之后,在开始操作设备之前必须检查一下每个安装的接头以确认其连接良好。其内容包括:

——线路连接正确合理,接地必须符合规定要求;

——磁性工件夹爪在其接触面上不得有附着的金属颗粒及飞溅物;

——盘卷的焊接电缆在使用之前应展开以免过热及绝缘损坏;

——需要交替使用不同长度电缆时应配备绝缘接头,以确保不需要时无用的长度可被断开。

11.5.3　泄漏

不得有影响焊工安全的任何冷却水、保护气或机油的泄漏。

11.5.4　工作中止

当焊接工作中止时(如工间休息),必须关闭设备或焊机的输出端或者切断电源。

11.5.5　移动焊机

需要移动焊机时,必须首先切断其输入端的电源。

11.5.6　不使用的设备

金属焊条和碳极在不用时必须从焊钳上取下以消除人员或导电物体的触电危险。焊钳在不使用时必须置于与人员、导电体、易燃物体或压缩空气瓶接触不到的地方。半自动焊机的焊枪在不使用时亦必须妥善放置以免使枪体开关意外启动。

11.5.7　电击

在有电气危险的条件下进行电弧焊接或切割时,操作人员必须注意遵守下述原则:

11.5.7.1　带电金属部件

禁止焊条或焊钳上带电金属部件与身体相接触。

11.5.7.2　绝缘

焊工必须用干燥的绝缘材料保护自己免除与工件或地面可能产生的电接触。在坐位或俯位工作时,必须采用绝缘方法防止与导电体的大面积接触。

11.5.7.3 手套

要求使用状态良好的、足够干燥的手套。

11.5.7.4 焊钳和焊枪

焊钳必须具备良好的绝缘性能和隔热性能，并且维修正常。

如果枪体漏水或渗水会严重威胁焊工安全时，禁止使用水冷式焊枪。

11.5.7.5 水浸

焊钳不得在水中浸透冷却。

11.5.7.6 更换电极

更换电极或喷嘴时，必须关闭焊机的输出端。

11.5.7.7 其他禁止的行为

焊工不得将焊接电缆缠绕在身上。

11.6 维护

所有的弧焊设备必须随时维护，保持在安全的工作状态。当设备存在缺陷或安全危害时必须中止使用，直到其安全性得到保证为止。修理必须由认可的人员进行。

11.6.1 焊接设备

焊接设备必须保持良好的机械及电气状态。整流器必须保持清洁。

11.6.1.1 检查

为了避免可能影响通风、绝缘的灰尘和纤维物积聚，对焊机应经常检查、清理。电气绕组的通风口也要做类似的检查和清理。发电机的燃料系统应进行检查，防止可能引起生锈的漏水和积水。旋转和活动部件应保持适当的维护和润滑。

11.6.1.2 露天设备

为了防止恶劣气候的影响，露天使用的焊接设备应予以保护。保护罩不得妨碍其散热通风。

11.6.1.3 修改

当需要对设备做修改时，应确保设备的修改或补充不会因设备电气或机械额定值的变化而降低其安全性能。

11.6.2 潮湿的焊接设备

已经受潮的焊接设备在使用前必须彻底干燥并经适当试验。设备不使用时应贮存在清洁干燥的地方。

11.6.3 焊接电缆

焊接电缆必须经常进行检查。损坏的电缆必须及时更换或修复。更换或修复后的电缆必须具备合适的强度、绝缘性能、导电性能和密封性能。电缆的长度可根据实际需要连接,其连接方法必须具备合适的绝缘性能。

11.6.4 压缩气体

在弧焊作业中,用于保护的压缩气体应参照第10章的相应条款管理和使用。

12 电阻焊安全

12.1 一般要求

12.1.1 电阻焊设备

根据工作情况选择电阻焊设备时,必须考虑焊接各方面的安全因素。电阻焊所使用的设备必须符合相应的焊接设备标准(参见附录 B)规定及 GB 15578 标准的安全要求。

12.1.2 操作者

被指定操作电阻焊设备的人员必须在相关设备的维护及操作方面经适宜的培训及考核,其工作能力应得到必要的认可。

12.1.3 操作程序

每台(套)电阻焊设备的操作程序应完备。

12.2 电阻焊设备的安装

电阻焊设备的安装必须在专业技术人员的监督指导下进行,并符合 GB/T 4064 标准规定。

12.3 保护装置

12.3.1 启动控制装置

所有电阻焊设备上的启动控制装置(诸如按钮、脚踏开关、回缩弹簧及手提枪体上的双道开关等)必须妥善安置或保护,以免误启动。

12.3.2 固定式设备的保护措施

12.3.2.1 有关部件

所有与电阻焊设备有关的链、齿轮、操作连杆及皮带都必须按规定要求妥善保护。

12.3.2.2 单点及多点焊机

在单点或多点焊机操作过程中,当操作者的手需要经过操作区域而可能受到伤害时,必须有效地采用下述某种措施进行保护。这些措施包括(但不局限于):

a)机械保护式挡板、挡块;

b)双手控制方法;

c)弹键;

d)限位传感装置;

e)任何当操作者的手处于操作点下面时防止压头动作的类似装置或机构。

12.3.3 便携式设备的保护措施

12.3.3.1 支撑系统

所有悬挂的便携焊枪设备(不包括焊枪组件)应配备支撑系统。这种支撑系统必须具备失效保护性能,即当个别支撑部件损坏时,仍可支撑全部载荷。

12.3.3.2 活动夹头

活动夹头的结构必须保证操作者在作业时,其手指不存在被剪切的危险,否则必须提供保护措施。如果无法取得合适的保护方式,可以使用双柄,即每只手柄上带有安在适当位置上的一或两个操作开关。这些手柄及操作开关与剪切点或冲压点保持足够的距离,以便消除手在控制过程中进入剪切点或冲压点的可能。

12.4 电气安全

12.4.1 电压

所有固定式或便携式电阻焊设备的外部焊接控制电路必须工作在规定的电压条件下。

12.4.2　电容

高压贮能电阻焊的电阻焊设备及其控制面板必须配置合适的绝缘及完整的外壳保护。外壳的所有拉门必须配有合适的联锁装置。这种联锁装置应保证：当拉门打开时可有效地断开电源并使所有电容短路。

除此之外，还可考虑安装某种手动开关或合适的限位装置作为确保所有电容完全放电的补充安全措施。

12.4.3　扣锁和联锁

12.4.3.1　拉门

电阻焊机的所有拉门、检修面板及靠近地面的控制面板必须保持锁定或联锁状态以防止无关人员接近设备的带电部分。

12.4.3.2　远距离设置的控制面板

置于高台或单独房间内的控制面板必须锁定、联锁住或者是用挡板保护并予以标明。当设备停止使用时，面板应关闭。

12.4.4　火花保护

必须提供合适的保护措施防止飞溅的火花产生危险，如安装屏板、佩带防护眼镜。由于电阻焊操作不同，每种方法必须做单独考虑。

使用闪光焊设备时，必须提供由耐火材料制成的闪光屏蔽并应采取适当的防火措施。

12.4.5　急停按钮

在具备下述特点的电阻焊设备上，应考虑设置一个或多个安全急停按钮：

a) 需要 3 s 或 3 s 以上时间完成一个停止动作。

b) 撤除保护时，具有危险的机械动作。

急停按钮的安装和使用不得对人员产生附加的危害。

12.4.6　接地

电阻焊机的接地要求必须符合 GB 15578 标准的有关规定。

12.5　维修

电阻焊设备必须由专人做定期检查和维护。任何影响设备安全性的故障必须及时报告给安全监督人员。

13 电子束焊接安全

13.1 一般要求

13.1.1 电子束焊接设备

根据工作情况选择电子束焊接设备时,必须考虑焊接的各方面安全因素。

13.1.2 操作者

被指定操作电子束焊接设备的人员必须在相关设备的维护及操作方面经适宜的培训及考核,其工作能力应得到必要的认可。

13.1.3 操作程序

每台(套)电子束焊接设备的操作程序应完备。

13.2 潜在的危害

电子束焊接引发的下述危害必须予以防护。

13.2.1 电击

设备上必须放置合适的警告标志。

电子束设备上的所有门、使用面板必须适当固定以免突然或意外启动。所有高压导体必须完整地用固定好的接地导电障碍物包围。运行电子束枪及高压电源之前,必须使用接地探头。

13.2.2 烟气

对低真空及非真空工艺,必须提供正面通风抽气和过滤。高真空电子束焊接过程中,清理真空腔室里面时必须特别注意保持溶剂及清洗液的蒸汽浓度低于有害程度。

焊接任何不熟悉的材料或使用任何不熟悉的清洗液之前,必须确认是否存在危险。

13.2.3 X射线

为了消除或减少X射线至无害程度,对电子束设备要进行适当保护。对辐射保护的任何改动必须由设备制造厂或专业技术人员完成。修改完成后必须由制造厂或专业技术人员做辐射检查。

13.2.4 眩光

用于观察窗上的涂铅玻璃必须提供足够的射线防护效果。为了减低眩光使之达到舒适的观察效果,必须选择合适的滤镜片。

13.2.5 真空

电子束焊接人员必须了解和掌握使用真空系统工作所要求的安全事项。

附录 A
（提示的附录）
有关焊接与切割用气瓶标准

GB 5099—1994　钢质无缝气瓶

GB 5100—1994　钢质焊接气瓶

GB 5842—1996　液化石油气钢瓶

GB 7512—1998　液化石油气钢瓶阀

GB 8334—1987　液化石油气钢瓶定期检验与评定

GB 8335—1998　气瓶专用螺纹

GB 10877—1988　氧气瓶阀

GB/T 10878—1989　气瓶锥螺纹丝锥

GB 10879—1989　溶解乙炔气瓶阀

GB 11638—1989　溶解乙炔气瓶

GB 11640—1989　铝合金无缝气瓶

GB 12135—1989　气瓶定期检验站技术条件

GB 12136—1989　溶解乙炔气瓶用回火防止器

GB 13004—1991　钢质无缝气瓶定期检验与评定

GB 13075—1991　钢质焊接气瓶定期检验与评定

GB 13076—1991　溶解乙炔气瓶定期检验与评定

GB 13077—1991　铝合金无缝气瓶定期检验与评定

气瓶安全监察规程

溶解乙炔气瓶安全监察规程

附录 B
（提示的附录）
有关焊接设备标准

GB/T 8118—1995　电弧焊机　通用技术条件

GB 8366—1996　电阻焊机　通用技术条件

GB/T 10235—1988　弧焊变压器防触电装置

GB/T 13164—1991　埋弧焊机

JB 685—1992　直流弧焊发电机

JB/T 2751—1993　等离子弧切割机

JB/T 3158—1999　电阻点焊直电极

JB/T 3643—1992　小型弧焊变压器

JB/T 3946—1999　凸焊机电极平板槽子

JB/T 3947—1999　电阻点焊电极接头

JB/T 3948—1999　电阻点焊电极帽

JB/T 3957—1999　电极锥度　配合尺寸

JB/T 5249—1991　移动式点焊机

JB/T 5250—1991　缝焊机

JB/T 5251—1991　固定式对焊机

JB/T 5340—1991　多点焊机用阻焊变压器　特殊技术条件

JB 7107—1993　弧焊设备　电焊钳的安全要求

JB/T 7108—1993　碳弧气刨机

JB/T 7109—1993　等离子弧焊机

JB/T 7824—1995　逆变式弧焊整流器技术条件

JB/T 7834—1995　弧焊变压器

JB/T 7835—1995　弧焊整流器

JB/T 8085—1995　摩擦焊机

JB/T 8747—1999　钨极惰性气体保护弧焊机（TIG 焊机）技术条件

JB/T 8748—1998　MIG/MAG 弧焊机

JB/T 9528—1999　原动机　弧焊发电机组

JB/T 9529—1999　电阻焊机变压器　通用技术条件

JB/T 9530—1999　电阻焊设备的绝缘帽和绝缘衬套

JB/T 9531—1999　点焊　电极挡块和夹块

JB/T 9191—1999　等离子喷焊枪　技术条件

JB/T 9192—1999　等离子喷焊电源

JB/T 9532—1999　MIG/MAG 焊焊枪　技术条件

JB/T 9533—1999　焊机送丝机构　技术条件

JB/T 9534—1999　引弧装置　技术条件

JB/T 9959—1999　电阻点焊　内锥度 1∶10 的电极接头

JB/T 9960—1999　电阻点焊　凸型电极帽

JB/T 10101—1999　固定式凸点焊机

JB/T 10110—1999　电阻焊机控制器　通用技术条件

附录 C

（提示的附录）

有关安全、劳动保护标准

GB 2890—1995　过滤式防毒面具通用技术条件

GB 2894—1996　安全标志

GB 5083—1985　生产设备安全卫生设计总则

GB 6095—1985　安全带

GB 6220—1986　长管面具

GB/T 6223—1997　过滤式防微粒口罩

GB 8196—1987　机械设备防护罩安全要求

GB 8197—1987　防护屏安全要求

GB 12011—1989　绝缘皮鞋

GB 12265—1995　机械防护安全距离

GB 12623—1990　防护鞋通用技术条件

GB 12624—1990　劳动保护手套通用技术条件

GB 12801—1991　生产过程安全卫生要求总则

GB 13495—1992　消防安全标志

GB 15630—1995　消防安全标志设置要求

GB 16179—1996　安全标志使用导则

GB 16556—1996　自给式空气呼吸器

第五节　焊接工艺防尘防毒技术规范
（AQ 4214—2011）

前　言

为有效控制焊接工艺过程中产生的粉尘、毒物危害，改善焊接作业场所环境条件，更好地保护焊接作业人员的安全和健康，做好防尘防毒工作，特制定本标准。

附录 A 为资料性附录。

本标准由国家安全生产监督管理总局提出。

本标准由全国安全生产标准化技术委员会防尘防毒分技术委员会（SAC/TC288/SC7）归口。

本标准起草单位：中国劳动关系学院、中国电子标准化研究所、北京首钢机电有限公司机械厂。

本标准主要起草人：王起全、孙贵磊、孟燕华、张栋、王辉。

本标准为首次发布。

1　范围

本标准规定了焊接工艺防尘防毒的技术要求和管理措施。

本标准适用于焊接工艺过程中粉尘、毒物危害控制的工程技术和管理，也适用于相关部门对焊接工艺过程中粉尘、毒物危害的监督。

2　规范性引用文件

下列标准所包含的条款，通过在本标准中引用而构成本标准的条款。凡是注日期的引用文件，其随后所有的修改单（不包括勘误的内容）或修订版均不适用于本标准，然而，鼓励根据本标准达成协议的各方研究是否可使用这些文件的最新版本。凡是不注日期的引用文件，其最新版本适用于本标准。

GB 2894　安全标志及其使用导则

GB/T 3609.1　职业眼面部防护·焊接防护·第 1 部分：焊接防护具

GB 8958　缺氧危险作业安全规程

GB 9448　4.2　焊接与切割安全　焊工防护用品

GB 11651　劳动防护用品选用规则

GB 13733　有毒作业采样规范

GB/T 16758　排风罩的分类及技术条件

GB 50187　工业企业总平面设计规范

GBZ 1　工业企业设计卫生标准

GBZ 2.1　工业场所有害因素职业接触限值　化学有害因素

GBZ 158　工作场所职业病危害警示标志

GBZ 188　职业健康监护技术规范

GBZ/T 205　密闭空间作业职业危害防护规范

AQ/T 9002　生产经营单位安全生产事故应急预案编制导则

3　术语和定义

下列术语和定义适用于本标准。

3.1　焊接 welding

通过加热或加压,或两者并用,并且使用(或不用)填充材料,使工件达到永久性结合的方法。

3.2　焊接工艺 welding procedure

焊接过程中的一整套工艺程序及其技术规定。包括焊接方法、焊前准备加工、装配、焊接材料、焊接设备、焊接顺序、焊接操作、焊接工艺参数以及焊后处理等。

3.3　焊接操作 welding operation

按照给定的焊接工艺完成焊接过程的各种动作的统称。

3.4　焊接烟尘 welding fume

焊接过程中,由高温蒸汽经氧化后冷凝而产生的烟雾状微粒,主要源于焊接材料和母材的蒸发、氧化。

3.5　受限空间 confined space

受限空间又叫密闭空间或有限空间。一切通风不良、容易造成有毒有害气体积聚和缺氧的封闭、半封闭的设备、设施及场所。如各种设备内部(塔、釜、槽、罐、炉膛、锅筒、管道、容器等)和下水道、沟、坑、井、池、涵洞、阀门间、污水处理设施等。

3.6 焊工金属热 welder metal fume fever

焊接金属烟尘中的金属氧化物和氟化物等物质通过上呼吸道进入末梢细支气管和肺,引起典型性骤起体温升高和白细胞增多等急性全身性疾病。

3.7 压力引射式局部通风装置 pressure ejector-type local venti-lation devices

压力引射式局部通风装置主要由引射器、胶布风筒和磁性固定支座三部分组成。具有安全可靠、体积小、质量轻、控制焊接烟尘扩散的有效范围大等特点。

4 一般要求

4.1 焊接工艺防尘防毒工作应坚持预防为主、防治结合、源头控制、过程可控、综合治理的原则,优先选择提高焊接操作的机械化、自动化水平,在焊接工作量较大的厂房、车间及露天作业时,使用机械手或机器人代替人工操作,使操作人员远离焊接尘毒危害区域。

4.2 使用焊接工艺的企业的选址应符合 GB 50187、GBZ 1 的相关要求。

4.3 使用焊接工艺的企业的新建、改建、扩建建设项目,焊接工艺防尘防毒设施应与主体工程同时设计、同时施工、同时投入生产和使用,并进行评价。

4.4 有焊接尘毒发生源的车间应设置在厂区全年最小频率风向的上风侧。焊接作业车间的设计和布局应符合 GB 50187 的相关要求。

4.5 应积极改善焊接工艺,并采用先进的焊接材料及焊接技术以降低焊接过程中尘毒等有害物质浓度。

4.6 引进的国外焊接防尘防毒技术和设备应符合国家、地方和行业关于防尘防毒的规定。凡从国外引进成套焊接技术和设备,应同时引进或建设相应的防尘防毒技术和设备,不得削减。

4.7 在焊接作业场所操作配备有除尘防毒装置的机器设备,

在作业开始时,应先启动除尘防毒装置、后启动主机;作业结束时,应先关闭主机、后关闭除尘防毒装置。

4.8 应定期对焊接作业场所尘毒有害因素进行检测,并对通风排尘装置和其他卫生防护装置的效果进行评价,焊接防尘防毒通风设施不得随意拆除或停用。

4.9 接触尘毒的焊接作业岗位应在醒目位置设置警示标志,标志应符合 GB 2894、GBZ 158 的要求。

4.10 焊接作业场所产生的电焊烟尘浓度及有毒物浓度应符合 GBZ 2.1 的要求。

5 工艺和焊接材料

5.1 在满足产品质量要求的前提下,合理设计焊接工艺。

5.1.1 选用烟尘产生量少的焊接方法,扩大半自动焊和自动焊的使用范围。

5.1.2 正确选择电源极性,不锈钢焊条采用直流极性正接法焊接时发尘量较低,而结构钢焊条直流极性正接时发尘量较大。

5.1.3 选择合适的焊接位置,选择恰当的焊接参数,选用低锰、低氢、低尘、低毒焊条。

5.2 在受限空间内进行焊接作业时,尽量采用单面焊双面成型工艺。

5.3 在不改变产品焊接特性的基础上,使用有害成分少的材料来替代有害成分多的材料。

6 粉尘和有毒气体的防护

6.1 合理进行作业的布局,合理设计通风系统,充分利用自然通风方法进行通风。

6.2 通风应遵循局部通风为主,全面通风为辅的原则。

6.3 焊接车间或焊接量大、焊机集中的工作地点,实施全面机械通风。当焊接作业室净高度低于 3.5 m 或每个焊工工作空间小于 200 m³ 或工作间(室、舱、柜、容器等)内部结构影响空气流动而使焊接工作点的尘毒浓度超过规定时,必须实施全面机械通风。

6.4 进行全面机械通风时,应按每个焊工通风量不小于

57 m³/min 进行设计。

6.5　面式扩散源应采用全面通风方式通风。

6.6　常用的全面机械通风措施包括天窗、屋顶风机、轴流风机、引射风机。

6.6.1　侧墙设置轴流风机加强自然通风器(天窗)排风。

6.6.2　在焊接车间的屋顶设置排风风机。

6.6.3　利用天窗或在侧墙设置轴流风机进行自然通风,天窗侧墙轴流风机非同类宜单独设。

6.6.4　设置诱导风机引射室内焊接烟气流向上流通,经自然通风器排出室外。

6.7　对于点式扩散源,可使用局部排风。

6.8　对半自动焊和自动焊,应使用排烟焊枪等局部通风装置。

6.9　使用局部排风时,应使扩散源处于通风罩控制范围内。

6.10　局部机械排风系统各类型排风罩应符合 GB/T 16758 要求。局部通风形式包括固定式排烟罩(吸尘罩)、移动式排烟罩、手持式排烟罩等,通风系统主要由吸尘罩(排烟罩)、风道、除尘或净化装置以及风机组成,焊接作业采取有效的局部通风的措施。

6.10.1　局部通风应控制焊接电弧附近的风速,吸尘罩控制点的控制风速应为 0.5～1.0 m/s。

6.10.2　使用固定式或可移式排烟罩时,应同时安装净化过滤设备或/与整体通风净化系统。

6.10.3　使用固定式排烟罩时,有毒气体、粉尘等不经过操作者的呼吸带,排放口的风速以 1.0 m/s 为宜;风量应该自行调节,排放口高度必须高于作业厂房顶部 1.0～2.0 m。

6.10.4　设置局部排烟罩捕集电焊烟尘和有毒气体,应该设置相应净化设备防止污染大气,设置原则如下:

a) 尽可能靠近焊接作业点,对流动性较大的焊接作业,应做成可移动式的罩口,作业时罩口可随焊接点一起移动,以提高烟尘的捕集效果;

b) 不影响工人操作,检修方便;

c) 在保证捕集效果的情况下,节省风量。

6.10.5 应根据不同的作业方式、焊接工件尺寸及工艺,选择使用下吸式吸气罩、侧吸式吸气罩、上吸式吸气罩或回转式活动吸气罩。

6.10.6 工人操作地点固定和操作方式固定的车间,可根据实际情况安装上吸式、侧吸式或下吸式排烟罩。

6.10.7 在密闭船舱、化工容器和管道内施焊或在大作业厂房非定点施焊时,应采用移动式排烟罩,也可使用压力引射式局部通风装置。使用时,需将吸头置于电弧附近,再开动风机。

6.11 加强通风系统的维护和保养,使其有效地发挥作用。

7 受限空间防尘防毒

7.1 凡在储运或生产过有毒有害介质或惰性气体的容器、设备、管道、塔、罐等密闭或半密闭场所施焊,作业前必须确认与其连通的所有设备及管路彻底隔离,同时要对其进行清洗、吹扫、置换,并按规定办理进入设备作业许可证。

7.2 在未进行良好的通风之前,密闭空间内禁止人员进入。如果进入,必须佩戴符合安全要求的供气呼吸设备,并由佩戴类似设备的他人在设备外进行监护。

7.3 在密闭容器及仓室等工作场所狭小的受限空间进行焊接作业时,在进入之前,应对容器内气体采样进行氧量、毒气、有害气体、可燃气的化验测试,取样分析合格后方可进入作业。进入后,应 2 h 采样分析一次,如条件发生变化应随时取样分析。

7.4 对密闭性较强而易发生缺氧危险的作业设备,应采用强制通风的办法予以补氧,防止缺氧窒息事件发生,不用纯氧向设备内补氧;缺氧危险作业要求与安全防护措施要符合 GB 8958 的要求。

7.5 确定焊接时可能聚集有毒气体或有毒蒸汽的地区,设置警示标志,并符合 GB 2894、GBZ 158 的要求。

7.6 进入受限空间作业时,应采取吹扫、冲洗和强制通风等措施,消除或减少存于受限空间内的尘、毒物质,满足 GB 8958、GBZ/T 205 的要求。

7.7 密闭空间内通风所使用的空气,其量必须保证密闭空间内的有害物质浓度符合规定值。

7.8 焊接经过脱脂处理或涂漆的设备管道时,应装设局部排烟装置,并预先清除焊缝周围的漆层。

7.9 已确定为缺氧作业环境的作业场所,采用置换作业法时,应先检测容器、管道内的空气成分,保证含氧量在 19.5% 以上。

7.10 在有毒物质的设备管道上带压不置换动火操作时,焊工应佩戴防毒面具,而且应在上风侧操作。

7.11 密闭空间内的通风应防止可燃混合气体和大气富氧的聚集。除了空气之外,氧气、其他气体或混合气不得用于通风。

7.12 施焊现场应配备适量的空(氧)气呼吸器,以备紧急情况下使用。

7.13 焊工在密闭空间焊接作业操作时,应有专人监护,实行轮换作业。

7.14 密闭空间内供给呼吸器或呼吸设备的压缩空气必须满足正常的呼吸要求。

7.15 密闭空间内所用呼吸器的压缩空气管必须是专用管线,不得与其他管路相连接。

7.16 当作业人员从入口或其他开口处进入密闭空间时,必须具备向外部人员提供救援信号的手段。

8 个体防护措施

8.1 焊接作业应按 GB 11651、GB 9448 4.2、GB/T 3609.1 的要求为接触尘毒作业人员配备符合相关标准要求的个体防护用品。

8.2 焊接作业除穿戴一般防护用品(如工作服、手套、眼镜和口罩)外,针对特殊作业场合还应佩戴通风焊帽(用于密闭容器和不易解决通风的特殊作业场所的焊接作业)。

8.3 对于短暂电焊、气焊作业场所,应使用手持式焊接面罩或安全帽式电焊面罩。

8.4 剧毒场所紧急情况下的抢修焊接作业,应佩戴隔绝式空气呼吸器。密闭缺氧环境内,空气中混有高浓度毒物或在应急抢修设备情况下,应采用自给供气式防毒面具。

8.5 特殊环境焊接作业和熔炼作业时,应使用送风式电焊面罩,通风条件差的密闭容器内工作时需要佩戴使用有送风性能的防护头盔。

8.6 在环境中氧气浓度大于 19.5%,环境温度为 $-20\sim45$ ℃时可使用过滤式防尘口罩。

8.7 对作业强度大、温度高的环境使用自吸过滤式呼吸面具(半面具或全面具)时,应采用电动送风型口罩;对工作地点狭小、焊接烟尘浓度高的工况,应采用电动送风型口罩。

8.8 当局部排风受限或在密闭容器中焊接,或存在来自有毒烟气造成的健康危险且不可能局部通风时,应穿戴高效面罩呼吸器或高效正压带动力装置的空气净化呼吸器。

8.9 在可提供压缩空气源处,使用正压压缩空气管道供气的呼吸器。

8.10 焊接作业时,焊工应佩戴防尘毒口罩。

8.11 焊接作业人员应具有正确使用个体防护用品的能力,了解个体防护用品的适用性和局限性,上岗时应穿戴好个体防护用品。

8.12 焊接作业人员个体防护用品应按要求进行维护、保养;个体防护用品失效时应及时更换。

9 管理措施

9.1 采用焊接工艺的企业应设置防尘防毒管理部门或岗位,建立焊接作业防尘防毒设施的维修保养和定期检验等规章制度。

9.2 企业与劳动者签订劳动合同(含聘用合同)时,应当将焊接工作过程中可能产生的职业病危害及其后果、职业病防护措施和待遇等如实告知劳动者,并在劳动合同(含聘用合同)中写明,不得隐瞒或者欺骗。

9.3 企业应定期对焊接作业人员进行防尘防毒教育培训,每年应至少组织一次焊接防尘防毒知识技能再教育和考核。

9.4　焊接作业人员上岗、换岗以及离岗一年后复岗前应经过"三级安全教育"和防尘防毒知识技能培训，经考核合格后方可上岗。

9.5　企业应对整个焊接过程中的粉尘、毒物危害至少每两年进行一次辨识和评估，并建立档案。当焊接作业场所、焊接工艺、设备设施发生重大变化时，应重新开展辨识评估工作。

9.6　企业防尘防毒管理部门应每年对焊接作业防尘防毒技术措施和管理措施进行至少一次检查，对其中不符合焊接作业防尘防毒要求的设施及部件及时进行整改。

9.7　企业应按有关规定定期对焊接作业点进行尘毒物质检测，检测报告应整理归档，妥善保存。尘毒物质浓度检测应在正常工况下进行，检测点的位置和数量等参数选择应符合 GB 13733 的相关规定。

10　事故应急处置措施

10.1　焊接作业岗位应在显著位置设置指示牌，说明有毒有害物质危害性、预防措施和应急处理措施。

10.2　对焊接过程中可能突然逸出大量有害气体或易造成急性中毒的作业场所，应设置事故通风装置及与其连锁的自动报警装置，其通风换气次数应不小于 12 次/h。

10.3　对密闭空间焊接作业可能引起的尘毒事故，按 AQ/T 9002 的要求制定专项应急预案且定期演练。

11　职业健康监护

11.1　企业应为焊接作业人员建立职业健康监护档案，由专人负责管理，并按照规定的期限妥善保存。作业人员离开企业时，企业应当如实、无偿提供其职业健康监护档案复印件，并在复印件上签章。

11.2　企业应按照 GBZ 188 的要求保证从事焊接作业的人员能按时进行职业健康检查，做好体检记录存档，已被诊断为焊接作业职业病的人员必须进行治疗、康复和定期检查。检查中出现不适宜继续从事焊接工作的人员,应及时调离工作岗位,并妥善安置。

附 录

（资料性附录）

焊接作业职业危害因素

尘毒职业危害因素		后 果
金属烟尘	铁、硅、锌、锰、铝、铬、硅酸盐、氧化铁、氧化锌、氟化物等	焊工尘肺
	锰	锰中毒
	氧化铁、氧化锰、氧化锌微粒和氟化物	焊工金属热
有毒气体	臭氧(O_3)	中毒
	氮氧化物(NO,NO_2)	
	一氧化碳(CO)	
	氟化氢(HF)	

第二章　新技术、新工艺、新材料

第一节　　心肺复苏术法新标准

本节介绍《2010 美国心脏学会（AHA）心肺复苏（CPR）与心血管急救（ECC）指南》最新标准，并与《2005 国际心肺复苏（CPR）与心血管急救（ECC）指南》标准比较。

1. 建立了简化的通用成人基础生命支持流程。

2. 对根据无反应的症状立即识别并启动急救系统，以及在患者无反应且没有呼吸或不能正常呼吸（即仅仅是喘息）的情况下开始进行心肺复苏的建议作出了改进。

3. 从流程中去除了"看、听、试（感觉）"。

4. 继续强调高质量的心肺复苏（以足够的速率和幅度进行按压，保证每次按压后胸廓回弹，尽可能减少按压中断并避免过度通气）。

5. 更改了单人施救者的建议程序，即先开始胸外按压，然后进行人工呼吸（C—A—B 而不是 A—B—C）。单人施救者应首先从进行 30 次按压开始心肺复苏，而不是进行 2 次通气，这是为了避免延误首次按压。

成人基本生命支持简化流程心肺复苏程序变化：

5.1　按照心肺复苏术中 C—A—B 的顺序，对于没有意识，没用呼吸或不能正常呼吸的成人，应首先给予胸外按压。

《2010 美国心脏学会（AHA）心肺复苏（CPR）与心血管急救（ECC）指南》（新）：C、A、B 三大步骤即 C 胸外按压→A 开放气道→B 人工呼吸。

5.1.1　C——人工循环（找准压点、胸外按压）。

5.1.2　A——气道开放（通畅气道）。

5.1.3　B——人工呼吸。

5.1.4　D——有条件可采取自动体外除颤。

《2010 美国心脏学会（AHA）心肺复苏（CPR）与心血管急救（ECC）指南》最新标准中不再有"一听二看三试（感觉）"。

《2005 国际心肺复苏（CPR）与心血管急救（ECC）指南》标准（旧）：成人心肺复苏程序从开放气道开始，检查是否可正常呼吸，然后进行 2 次人工呼吸后进行 15 次胸外按压，之后再进行 2 次人工呼吸。

用 10 秒钟时间用看、听、试的办法检查触电者有无呼吸和心跳，同时看其外伤的程度。

看：看触电者胸部和腹部有无起伏、瞳孔有无放大。

听：用耳贴近触电者口鼻处听有无呼吸，用耳贴近触电者左胸心脏部位听有无心音。

试（感觉）：试口鼻处有无呼吸，用两手指轻轻试（摸）触电者颈动脉有无脉动。

有心跳无呼吸、有呼吸无心跳、无呼吸无心跳都属假死，假死同样必须抢救。

6.《2010 美国心脏学会（AHA）心肺复苏（CPR）与心血管急救（ECC）指南》成人心肺复苏操作主要变化如下：

（1）突出强调高质量的胸外按压；

（2）保证胸外按压的频率和深度；

（3）最大限度地减少中断；

（4）避免过度通气，过度通气可能会影响静脉回流，并减少心脏血液输出量。保证胸廓完全回弹。

因此，呼吸作为心脏骤停后简要检查的一部分，应放在胸外按压、开放气道（通畅气道）、2 次通气之后。

7. 心肺复苏胸外挤压法具体做法：

找准压点，在伤员胸部右侧找到肋骨和胸骨接合处的中点（交接处中点），两手掌跟重叠，手指翘起，不得伤及伤员胸部，以髋关节为支撑点垂直将正常人胸骨下压。成人胸骨下陷的深度至少 5 cm（≥5 cm），按压深度至少 5 cm 时比 4 cm 更有效；儿童、瘦弱者的胸骨下陷深度酌减。按压频率≥100 次/分（区别于"大约 100

次/分"),见图 2-1。[《2005 国际心肺复苏(CPR)与心血管急救(ECC)指南》标准压深为 3.8～5 cm,2005 年前的旧标准压深为 3～4 cm。《2005 国际心肺复苏(CPR)与心血管急救(ECC)指南》标准每分钟 100 次左右,2005 年前的旧标准每分钟 60～80 次]。

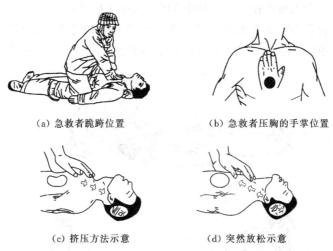

(a)急救者跪跨位置　　　　　　(b)急救者压胸的手掌位置

(c)挤压方法示意　　　　　　　(d)突然放松示意

图 2-1　胸外心脏挤压法

《2010 美国心脏学会(AHA)心肺复苏(CPR)与心血管急救(ECC)指南》新标准明确规定:如果旁观者没有经过心肺复苏术培训,可以提供只有胸外按压的心肺复苏。即"用力按,快速按",在胸部中心按压,直至受害者被专业抢救者接管(特别对不能或不愿予人工通气者至少会实施胸外按压),见图 2-2、图 2-3。

图 2-2　压深至少 5 cm(≥5 cm)　　　图 2-3　胸外心脏挤压法实例

7.1 训练有素的救援人员,应该至少为被救者提供胸外按压。另外,如果能够执行人工呼吸,按压和呼吸比例按照 30∶2 进行。在到达抢救室前,抢救者应持续实施心肺复苏。

心肺复苏同时进行时,单人抢救按 30∶2(胸外挤压 30 次吹 2 次气)、两人抢救按 5∶1(胸外挤压 5 次吹 1 次气)。

徒手心肺复苏术对心跳和呼吸均停止者的急救,以及口对口(鼻)呼吸具体做法(没有经过心肺复苏术培训)见图 2-4、图 2-5。

(a) 触电者平卧姿势

(b) 单人操作法　　　　　　(C) 双人操作法

图 2-4　对心跳和呼吸均停止者的急救

(a) 急救者吹气方法　　　　　(b) 触电者呼气姿态

图 2-5　口对口(鼻)呼吸具体做法

将触电者仰卧平躺在干燥、通风、透气的地方宽衣解带（解开衣领，松开裤带，冬季注意保暖），然后将触电者头偏向一侧清除口中异物（假牙、血块、呕吐物）等，仰头抬颌、通畅气道（气道开放）的同时一只手捏住伤员鼻翼，另一只手微托伤员颈后保证伤员气道通畅，急救人员应深吸一口气然后用嘴紧贴伤员的嘴（鼻）大口吹气，注意防止漏气，停时应立刻松开鼻子让其自由呼气，并将自己头偏向一侧，为下次吹气作准备（儿童、瘦弱者注意吹气量）。有效按压30次及2次人工吹气（按吹二秒停三秒即吹二停三的办法），30∶2五个循环周期心肺复苏操作。同时观察伤员胸部腹部起伏情况。

《2005国际心肺复苏（CPR）与心血管急救（ECC）指南》标准（按吹二秒停三秒即吹二停三）的办法，每分钟做12～15次。

7.2　心肺复苏法《2010美国心脏学会（AHA）心肺复苏（CPR）与心血管急救（ECC）指南》强调胸外按压法，提高按压的次数和压深（特别对不能或不愿予人工通气者至少会实施胸挤压法）。

这些患者心肺复苏早期最关键要素是胸外按压和电除颤。按A—B—C顺序，现场急救者开放气道、嘴对嘴呼吸、放置防护隔膜或其他通气设备会导致胸外按压延误。

7.3　抢救每隔数分钟后再判定一次，每次判定不得超过5～7秒，不要随意移动伤员，的确需要移动时，抢救中断时间不超过30秒。心肺复苏在医务人员未来接替救治前不能中途停止。

7.4　心肺复苏抢救时，夏季要防止伤员中暑，冬季要注意伤员的保暖，有外伤者必须及时处理。

7.5　触电急救过程中的安全注意事项

7.5.1　首先迅速脱离电源的过程中，要保护自身的安全，不要造成再次触电。

7.5.2　应注意脱离电源后的保护，不要造成二次伤害。

7.5.3　脱离电源后要根据情况立即进行抢救，抢救过程不能有停顿。

7.5.4 发生在夜间的触电要解决照明的问题,以利抢救。

7.5.5 如送医院应尽快送到,在途中不能中断抢救,并向医护人员讲明触电情况。

发生触电伤亡事故的抢救在 4～6 分钟之内是关键时刻。

总之要迅速、就地、准确、坚持。

第二节 电子束焊安全技术

电子束焊是指在真空环境下,利用汇聚的高速电子流轰击工件接缝处所产生的热能,使金属熔合的一种焊接方法。

1 电子束焊的特点

电子束加速电压范围为 30～500 kV,电子束电流为 20～1 000 mA,电子束焦点直径为 0.1～1 mm,电子束的功率密度达 10^6 W/cm² 以上,属于高能束流。

作为物质基本粒子的电子具有极小的质量(9.1×10^{-31} kg)和一定的负电荷(1.6×10^{-19} C),电子的荷质比高达 1.76×10^{11} C/kg,通过电场、磁场对电子束可进行快速而精确的控制。

1.1 真空电子束焊的主要优点

(1) 电子束穿透能力强,焊缝深宽比大,可达到 50∶1。

(2) 焊接速度快,热影响区小,焊接变形小,电子束焊接速度在 1 m/min 以上。

(3) 真空环境有利于提高焊缝质量,特别适合活泼金属的焊接。

(4) 焊接可达性好,只要束流可达部位,就可以进行焊接。

(5) 不需填充材料。

(6) 焊接受控性好,控制电子束的移位、扫描可实现复杂接缝焊接和消除缺陷。

1.2 真空电子束焊的主要缺点

(1) 设备较复杂,费用较昂贵。

(2) 焊接前对接头加工、装配要求严格。

(3) 真空电子束焊接时,工件尺寸和形状受真空室的限制,所以不能焊接尺寸大的工件。

（4）电子束易受杂散电磁场的干扰，影响焊接质量。

（5）电子束焊接时产生的 X 射线影响操作人员的健康和安全。

由于电子束焊可以焊接难熔合和难焊材料，焊接深度大，焊缝性能好，焊接变形小，焊接精度高，生产率较高，故广泛应用于核能、航空、航天、汽车、压力容器以及工具制造等工业中。

2 工作原理及分类

2.1 工作原理

电子束是从电子枪中产生的。电子以热发射或场致发射方式从发射体(阴极)逸出。在 $25\sim300$ kV 的加速电压作用下，电子被加速到 $0.3\sim0.7$ 倍的光速，具有一定的动能，经电子枪中静电透镜和电磁透镜的作用，电子汇聚成功率密度很高的电子束。

电子束撞击到工件表面，电子的动能就转变为热能，使金属迅速熔化和蒸发。在高压金属蒸气的作用下，熔化的金属被排开，电子束就能继续撞击深处的固态金属，很快在被焊工件上"钻"出一个锁形小孔，小孔被液态金属包围。随着电子束与工件的相对移动，液态金属沿小孔流向熔池后部，逐渐冷却、凝固形成焊缝。也就是说，电子束焊焊接熔池始终存在一个"小孔"，改变了焊接熔池的传质、传热规律，由一般熔焊方法的热导焊转变为穿孔焊，这是包括激光焊、等离子弧焊在内的高能束焊的共同特点。

2.2 分类

2.2.1 按电压高低分

按电压高低可分为高压电子束焊(120 kV 以上)、中压电子束焊(60~100 kV)和低压电子束焊(40 kV 以下)3 类。常用的高压真空电子束焊机的加速电压为 150 kV,常用的中压真空电子束焊机的加速电压为 60 kV。

2.2.2 按工件所处环境的真空度分

按工件所处环境的真空度，可分为高真空电子束焊(在 $10^{-4}\sim10^{-1}$ Pa 的压强下焊接)、低真空电子束焊(在 0.1~10 Pa 的压强下焊接)、非真空电子束焊。

3　设备和装置

真空电子束焊设备是由电子枪、电源、真空系统、运动系统及电气控制系统等部分组成的。

3.1　电子枪

电子束焊设备中用以产生和控制电子束的电子光学系统称为电子枪。

3.2　电源

电源是指电子枪所需要的供电系统,通常包括高压电源、阴极加热电源和偏压电源。这些电源装在充油的箱体中,称为高压油箱。纯净的变压器油既可作为绝缘介质,又可作为传热介质将热量从电器元件传送到箱体外壁。电器元件都装在框架上,该框架又固定在油箱的盖板上,以便维修和调试。

3.3　真空系统

真空系统常采用3种类型的真空泵。第一种是活塞片式机械泵,也称为低真空泵,能够将电子枪和工作室的压强从大气压抽到10 Pa 左右。第二种是油扩散泵,用于将电子枪和工作室压强降到 10^{-2} Pa 以下,油扩散泵不能直接在大气压下启动,必须与低真空泵配合组成高真空抽气机组。第三种是涡轮分子泵,它是抽速极高的高真空泵,不像油扩散泵那样需要预热,同时也避免了油的污染,多用于电子枪的真空系统。

真空室(亦称工作室)提供了电子束焊接的真空环境,同时将电子束与操作者隔离,防止电子束焊接时产生的 X 射线对人体和环境的伤害。真空室一般采用低碳钢和不锈钢制成,低碳钢制成的工作室内表面应镀镍或进行其他处理,以减少表面吸附气体飞溅及油污等,缩短抽真空时间和便于真空室的清洁工作。

3.4　运动系统

运动系统是电子束与被焊零件产生相对移动,实现焊接轨迹,并在焊接过程中保持电子束与接缝的位置准确和焊接速度的稳定的系统,一般由工作台、转台及夹具组成。

3.5　电气控制系统

控制系统就是电子束焊机的操作系统,通过将上述各部分功能组合,完成优质的焊缝。一般采用可编程控制器(PLC)或工控机控制各部分的逻辑关系来实现焊接过程自动化。

3.6　辅助系统

辅助系统用于电子束束斑品质测量、焊缝观察和跟踪。

4　电子束焊的危险性和有害性

虽然电子束焊有较多的优点,在高科技、高精度的制造业广泛使用,但是电子束焊也存在着危险性和有害性,主要如下:

(1)焊接前在调整电子束斑时,操作人员防护不当易损伤视觉。

(2)焊接过程中操作人员直接观察熔池,眼睛易受伤害。

(3)对于难熔金属和异种金属焊前预热(有的高达 1 300～1 700 ℃)、焊后退火的工件,如操作不当、防护不好,易受到灼烫伤害。

(4)对活泼金属以及难熔金属等焊接时,金属熔融的蒸气中有些含有有毒有害的物质如果泄漏,易造成人员中毒。

(5)电子束焊采用的是高压、高速电子流的离子轰击原理,电子束易受磁场的影响,操作人员也易受高频磁场的危害。

(6)电子束焊接时会产生 X 射线,操作人员操作不当或防护不好会受到 X 射线的伤害。

(7)电子束焊电气系统接地失效,线路因腐蚀、碰撞、电流过大、绝缘老化等因素,会造成人员触电伤害。

5　电子束焊安全防护

电子束焊安全技术主要是指进行电子束焊焊接时的安全防护措施,下面将介绍进行电子束焊焊接时对高压电击、X 射线和烟气等的防护要求。

在电子束焊机工作时,要防止高压电击、X 射线以及烟气等对作业人员的危害与影响等。

(1)高压电源和电子枪应有足够的绝缘和良好的接地。绝缘试验电压应为额定电压的 1.5 倍。装置设专用地线,其接地电阻应小于 3 Ω,外壳应用粗铜线接地。在更换阴极组件和维修时,应切断高压电源,并用放电棒接触准备更换的零件,以防电击。

(2) 焊接时,大约不超过 1% 的电子束能量将转变为 X 射线辐射。我国规定对无监护的工作人员允许的 X 射线剂量不大于 0.25 mR/h。加速电压为 60 kV 以上的焊机应附加铅防护层。

(3) 要加强操作间及设备间的通风和环境洁净,必要时可采用机械排风方式,将真空室排出的油气、烟尘排出室外,避免污染环境和危害作业人员健康。

(4) 焊接过程要正确使用劳动防护用品,遵章守纪,杜绝"三违"。

(5) 不要用肉眼直接观察焊接熔池,必要时应戴防护眼镜,避免眼睛损伤。

第三节 激光焊安全技术

1 激光焊接的定义

激光焊接是一门新的材料加工技术,由 CO_2 激光器或 Nd：YAG 激光器谐振腔输出的红外激光束,经光学系统聚焦后形成高能量密度的辐射热源对金属材料表面扫描,通过激光与材料的相互作用,使材料局部快速熔化而实现焊接。

激光焊接技术在制造领域的应用稳步增长,由脉冲到连续,由小功率到大功率,由薄板到厚件,由简单单缝到复杂形状,激光焊接在不断的演化过程中已经逐步成为一种成熟的现代加工工艺技术。激光焊接分为脉冲激光焊接和连续激光焊接,在连续焊接中又可分为热传导焊接和深穿透焊接。随着激光输出功率的提高,特别是高功率 CO_2 激光器的出现,激光深穿透技术在国内外都得到了迅速发展,最大的焊接深宽比已经达到了 12∶1,激光焊接材料也由一般低碳钢发展到了今天的焊接镀锌板、铝板、钛板、铜板和陶瓷材料,激光焊接速度也达到了每分钟几十米,激光焊接技术日益成熟,并大量应用到生产线上,如汽车生产线中的齿轮焊接、汽车底板及结构件(包括车门车身)的高速拼焊等,并已取得了显著的经济和社会效益。

2 激光焊接的原理

激光焊接是激光与非透明物质相互作用的过程,这个过程表现为反射、吸收、加热、熔化、汽化等现象。

2.1 光的反射及吸收

光束照在清洁磨光的金属表面时,都存在着强烈的反射。金属对光束的反射能力与它所含的自由电子密度有关,自由电子密度越大,即电导率越大,反射本领越强。对同一种金属而言,反射率还与入射光的波长有关。波长较长的红外线,主要与金属中的自由电子发生作用,而波长较短的可见光和紫外光除与自由电子作用外,还与金属中的束缚电子发生作用,而束缚电子与照射光作用的结果则使反射率降低。总之,对于同一金属,波长越短,反射率越低,吸收率越高。

2.2 材料的加热

一旦激光光子入射到金属晶体,光子即与电子发生非弹性碰撞,光子将能量传递给电子,使电子由原来的低能级跃到高能级。与此同时,金属内部的电子间也在不断相互碰撞。每个电子两次碰撞间的平均时间间隔为 10^{-13} s,因此吸收了光子而处于高能级的电子将在与其他电子的碰撞以及晶格的相互作用中进行能量的传递,光子的能量最终转化为晶格的热振动能,引起材料温度升高,改变材料表面及内部温度。

2.3 材料的熔化及汽化

激光焊接时材料达到熔点所需时间为微秒级。脉冲激光焊接时,当材料表面吸收的功率密度为 10^5 W/cm² 时,达到沸点的典型时间为几毫秒;当功率密度大于 10^6 W/cm² 时,被焊材料会产生急剧的蒸发,在连续激光深熔焊接时,正是由于蒸发的存在,蒸气压力和蒸气反作用力等能克服熔化金属表面张力以及液体金属静压力而形成小孔。小孔类似于黑体,它有助于对光束能量的吸收,显示出"壁聚焦效应"。由于激光束聚焦后不是平行光束,与孔壁间形成一定的入射角,激光束照射到孔壁上后,经多次反射而达到孔底,最终被完全吸收。

2.4 激光作用终止,熔化金属凝固

焊接过程中,工件和光束进行相对运动,由于剧烈蒸发产生的强驱动力,使得小孔前沿形成的熔化金属沿某一角度得到加速,在小孔的近表面处形成旋涡。此后,小孔后方液体金属由于传热的作用,温度迅速降低,液体金属很快凝固形成焊缝。

激光焊接过程还会对焊缝金属产生净化效应、壁聚焦效应和等离子体的负面效应,焊接过程会出现焊接材料熔化、蒸发,并和保护气体被电离而产生的离子云对激光产生折射、反射、吸收等。消除负面效应的方法有侧向下吹气法、同轴吹送保护气体法、光束纵向摆动法、低气压法、侧吸法、外加电场法或外加磁场法。

3 激光焊接的分类

目前,用于焊接的激光器主要有气体激光器和固体激光器两大类。前者以 CO_2 激光器为代表,后者以 YAG 激光器为代表。根据激光的作用方式,激光焊接可分为连续激光焊和脉冲激光焊。

4 激光焊接的特点

相对于常规焊接方法,激光焊接的特点是对材料的加热时间短,材料的热影响区窄小,被焊工件的热变形小。同时焊缝材料的晶粒度也明显小于其他的焊接方法,故焊缝具有良好的抗拉、抗冲击、耐腐蚀、外观好等特点。特别是 YAG 激光因其波长为 $1.06~\mu m$,比 CO_2 激光波长 $10.6~\mu m$ 小一个数量级,使得 Nd:YAG 激光束能量能被金属材料更好地吸收而转换为熔接热能,焊接效率得到有效的提高。同时,也因其波长短的原因,激光束自谐振腔输出后便可用石英光纤进行传输,可在生产线上利用机器人和 CNC 数控加工系统进行几乎任意空间轨迹的焊接运动。这些特点都特别适宜于汽车车身及钣件的焊接或切割裁剪加工。

4.1 激光焊接的优点

(1)聚焦后的功率密度可达 $10^5 \sim 10^7~W/cm^2$,甚至更高,加热集中,完成单位长度、单位厚度工件焊接所需的热输入少,因而工

件产生的变形极小,热影响区也很窄,特别适宜于精密度焊接和微细焊接。

(2) 可获得深宽比大的焊缝,焊接厚件时可不开坡口,一次成形。焊缝的深宽比目前已达 12:1,不开坡口单道焊接钢板的厚度已达 50 mm。

(3) 适宜于难熔金属、热敏感性强的金属以及热物理性能差异悬殊、尺寸和体积差异悬殊工件间的焊接。

(4) 可穿过透明介质对密闭容器内的工件进行焊接。

(5) 可借助反射镜使光束达到一般焊接方法无法施焊的部位,YAG 激光还可用光纤传输,可达性好。

(6) 激光束不受电磁干扰,无磁偏吹现象存在,适宜于磁性材料焊接。

(7) 不需真空室,不产生 X 射线,观察及焊缝对中方便。

4.2　激光焊接的缺点

激光焊接的设备一次投资大,对高反射率的金属直接进行焊接比较困难。

5　激光焊接与切割的危害辨识

5.1　激光的危险性

激光的高强度,使它与身体组织产生极剧烈的光化学、光热、光动力、光游离、光波电磁场等交互作用,从而造成严重的伤害。周围的器材,尤其是可燃、可爆物,也会因此发生灾害。高度同调性造成的干涉,使相长干涉处的光更强,因此会导致更高的危害。人眼的角膜与结膜没有受到如一般皮肤角质层的保护,最容易受到光束及其他环境因素的侵袭。激光的强度很高,以致眼睑的反射动作在产生保护作用之前,就造成伤害了。因此在激光焊接时,一般建议尽量不要眼睛直视激光,进行焊接操作时,必须佩戴激光焊接专用防护眼镜。

激光焊接除具有常规焊接的危险性和有害性(如机械伤害、触电、灼烫等),其特有的危险性和有害性是激光辐射。

激光辐射眼睛或皮肤时,如果超过人体的最大允许照射量,就会导致组织损伤。损伤的效应有热效应、光压效应和光化学效应3种。

最大允许照射量与波长、波宽、照射时间等有关，而主要的损伤机理与照射时间有关。照射时间为纳秒和亚纳秒时，主要是光压效应；照射时间为 100 ms 时，主要为光化学效应。

5.1.1 对眼睛的危害

当眼睛受到过量照射时，视网膜会被烧伤，导致视力下降，甚至会烧坏色素上皮和邻近的光感视杆细胞和视锥细胞，导致视力丧失。

我国激光从业人员的损伤率超过 1/1 000，其中有的基本丧失视力，所以对眼睛的防护要特别关注。

5.1.2 对皮肤的危害

当脉冲激光的能量密度接近每平方厘米几焦耳或连续激光的功率密度达到 0.5 W/cm^2 时，皮肤就可能遭到严重的损伤。可见光波段（400～700 nm）和红外波段激光的辐射会使皮肤出现红斑，进而发展为水泡；极短脉冲、高峰值功率激光辐射会使皮肤表面炭化；对紫外线激光的危害和累积效应虽然缺少充分研究，但仍不可掉以轻心。

过量光照引起的病理效应见表 2-1。

表 2-1　过量光照引起的病理效应

光谱范围		眼　睛	皮　肤
紫外线	80～280 nm	光致角膜炎	红斑，色素沉着加速皮肤老化过程
	200～315 nm		
	315～400 nm	光化学反应	
可见光	400～780 nm	光化学和热效应所致的视网膜损伤	皮肤灼伤
红外线	780～1 400 nm	白内障、视网膜灼伤	光敏感作用，暗色
	1.4～3.0 μm	白内障、水分蒸发、角膜灼伤	
	3.0 μm～1 mm	角膜灼伤	

5.1.3　附加辐射的危险性

激光的激发装置所产生的未经放大的电磁辐射,会由激光装置的激光光出口或机壳的缝隙逸出。由于其中可能有游离辐射,如紫外线或 X 射线,所以可能引起伤害,尤其是长期曝照之后的危险性更大。注意机壳的紧密程度,避免长期靠近可能有附加辐射之处,可以大幅减少发生这类危险的机会。

5.2　其他的危险性

其他的危险是激光或与激光焊接关联的其他因素,如电路等可能因不当操作或故障、损坏而引起的危险,也包括正常操作时因为相关物质发生变化而造成的危险。

5.2.1　高压电击

由于漏电或误触电路引起。若有良好接地,电线没有破损,非维修人员不碰触激光电路,则可避免。

5.2.2　电路失火

因为电线短路、超载,或是电路旁的器材不耐高温或撞击电路部分所造成的。注意检查电线,适量分散插座及开关的负荷,适当安置周围器材则可预防这种危险。

5.2.3　电路组件爆裂

激光中的电容器、变压器最有可能爆裂,并因而造成击伤、失火、短路等。维修人员定期检查这些器件的状况,并作必要的更新,避免过度使用,提防散热不良,可防止这类危险。

5.2.4　其他对象爆裂

激发激光用的强闪光灯,充有主动介质的气体管或离子体管可能因为不小心碰撞而爆裂。这些器件应该有坚固的护罩防止受撞击,并应防止摔落。

5.2.5　低温冷剂或压缩气体的危险性

激光或侦测器等所用的低温冷剂或压缩气体,可能因容器(如钢瓶)不安全或放置不当而造成危险。防止这种危险的方法是使用通过安全检查的容器,并依安全规定稳固地放置这些物品。

5.2.6 有毒气体或粉尘

光化学反应、光热效应(烧出来或蒸发出来)、光动力效应(撞或钻造成)、准分子激光的卤素气体外溢等,都会发生这类危险。良好的护具、功能完善的局部抽气排烟设备是不可缺少的安全设施。烟气排出之前,务必妥善过滤。

5.2.7 其他有害物质

红外线透镜或侦测器中的碲(Te)、镉(Cd),染料激光用的溶剂与染料,有些对象(如变压器)中的多氯联苯(PCB),都是可能释出的毒性物质。使用这些物质时,务必采取预防措施,使这些物质意外释出时得以迅速清除,以免发生污染。例如搭配局部抽气装置,在染料循环系统周围安置一些容器,以接收溢出或喷出的染料及溶剂,都是必要而可行的。

6 激光焊接与切割安全防护

激光焊接与切割安全防护主要是两个方面:一是作业场所、设备方面的工程控制;二是操作人员的个体防护。

6.1 工程控制

(1)最有效的措施是将整个激光系统置于不透光的罩子中。

(2)对激光器装配防护罩或防护围封,防护罩用于防止人员接受的照射量超过最大允许照射量(MPE),防护围封用于避免人员受到激光照射。

(3)工作场所的所有光路包括可能引起材料燃烧或二次辐射的区域都要予以密封,尽量使激光光路明显高于人体高度。

(4)在激光加工设备上设置激光安全标志,激光器无论是在使用、维护或检修期间,标志必须永久固定。

激光辐射警告标志一律采用正三角形,标志中央为24条长短相间的阳光辐射线,其中长线1条、中长线11条、短线12条。

6.2 个体防护

即使激光加工系统被完全封闭,工作人员亦有接触意外反射激光或散射激光的可能性,所以个体防护也不能忽视。个体防护主要使用以下器材。

（1）激光防护眼镜

激光防护眼镜最重要的部分是滤光片（有时是滤光片组合件），它能选择性地衰减特定波长的激光，并尽可能地透过非防护波段的可见辐射。激光防护眼镜有普通型、边框不透光的防侧光型和边框部分透光的半防侧光型等几种。

（2）激光防护面罩

实际上是带有激光防护眼镜的面盔，主要用于防紫外线激光。激光防护面罩不仅可以保护眼睛，尚可保护面部皮肤。

（3）激光防护手套

工作人员的双手最易受到过量的激光照射，特别是高功率、高能量激光的意外照射对双手的威胁很大。

（4）激光防护服

对工作人员皮肤可能受到最大允许照射量的岗位，应提供防护服，防护服应耐火、耐热。防护服由耐火及耐热材料制成。

第四节　电渣焊安全技术

电渣焊是利用电流通过液体熔渣所产生的电阻热作为热源，将工件和填充金属熔合成焊缝的垂直的焊接方法。渣池保护金属熔池不受空气污染，水冷成形滑块与工件端面构成空腔挡住熔池和渣池，保护熔池金属凝固成形。

1　电渣焊过程

电渣焊可分为三个阶段。

1.1　引弧造渣阶段

开始电渣焊时，在电极和起焊槽之间引出电弧，将不断加入的固体焊剂熔化，再起焊槽。水冷成形隆块之间形成液体渣池，当渣池达到一定深度后，再使电弧熄灭，转入电渣过程。在引弧造渣阶段，电渣过程不够稳定，渣池温度不高，焊缝金属和母材熔合不好，因此应将起焊部分割除。

1.2 正常焊接阶段

当电渣过程稳定后,焊接电流通过渣池产生的热使渣池温度可达到 1 600～2 000 ℃。渣池将电极和被焊工件熔化,形成的钢水汇集在渣池下部,成为金属熔池。随着电极不断向渣池送进,金属熔池和其上的渣池逐渐上升,金属熔池的下部远离热源的液体金属逐渐凝固形成焊缝。

1.3 引出阶段

在被焊工件上部装有引出板,以便将渣池和在停止焊接时往往易于产生缩孔和裂纹的那部分焊缝金属引出工件。在引出阶段,应逐步降低电流和电压,以减少产生缩孔和裂纹。焊后应将引出部分割除。

2 电渣焊的特点

和其他熔化焊方法相比,电渣焊的特点如下:

(1)宜在垂直位置焊接:当焊缝中心线处于垂直位置时,电渣焊形成熔池及焊缝成形条件最好,故适合于垂直位置焊缝的焊接,也可用于倾斜焊缝(与地面垂直线的夹角小于 30°)的焊接。因此焊缝金属中不易产生气孔及夹渣。

(2)厚件能一次焊成:由于整个渣池均处于高温下,热源体积大,故不论工件厚度多大都可以不开坡口,只要有一定装配间隙便可一次焊接成形。生产率高,与开坡口的焊接方法(如埋弧焊)比,焊接材料消耗较少。

(3)焊缝成形系数调节范围大:通过调节焊接电流和电压,可以在较大范围内调节焊缝成形系数,较易防止产生焊缝热裂纹。

(4)渣池对被焊工件有较好的预热作用:焊接碳当量较高的金属不易出现淬硬组织,冷裂倾向较小,焊接中碳钢、低合金钢时均可不预热。

(5)焊缝和热影响区晶粒粗大:焊缝和热影响区在高温停留时间长,热影响区较宽,易产生晶粒粗大和过热组织,焊接接头冲击韧性较低,一般焊后应进行正火和回火热处理。

3 电渣焊的种类

根据采用电极的形状和是否固定,电渣焊方法主要有丝极电渣焊、熔嘴电渣焊(包括管极电渣焊)、板极电渣焊。

3.1 丝极电渣焊

丝极电渣焊使用焊丝为电极,焊丝通过不熔化的导电嘴送入渣池。安装导电嘴的焊接机头随金属熔池的上升而向上移动,焊接较厚的工件时可以采用2根、3根或多根焊丝,还可使焊丝在接头间隙中往复摆动以获得较均匀的熔宽和熔深。这种焊接方法由于焊丝在接头间隙中的位置及焊接参数都容易调节,从而熔宽及熔深易于控制,故适合于环焊缝焊接,高碳钢、合金钢对接以及丁字接头的焊接。

但这种焊接方法的设备及操作较复杂。由于焊机位于焊缝一侧,只能在焊缝另一侧安设控制变形的定位铁,以致焊后会产生角变形。故在一般对接焊缝、丁字焊缝中较少采用。

3.2 熔嘴电渣焊

熔嘴电渣焊电极为固定在接头间隙中的熔嘴(由钢板和钢管点焊成)和由送丝机构不断向熔池中送进的焊丝构成。随焊接厚度的不同,熔嘴可以是单个的也可以是多个的。根据工件形状,熔嘴电极的形状可以是不规则的或规则的。

熔嘴电渣焊的设备简单,操作方便。目前已成为对接焊缝和丁字形焊缝的主要焊接方法。此外焊机体积小,焊接时,焊机位于焊缝上方,故适合于梁体等复杂结构的焊接。由于可采用多个熔嘴且熔嘴固定于接头间隙中,不易产生短路等故障,所以很适合于大截面结构的焊接,熔嘴可以做成各种曲线或曲面形状,以适合于曲线及曲面焊缝的焊接。

当被焊工件较薄时,熔嘴可简化为一根或两根管子,而在其外涂上涂料,因此也可称为管极电渣焊,它是熔嘴电渣焊的一个特例。

管极电渣焊的电极为固定在接头间隙中的涂料钢管和不断向渣池中送进的焊丝。

因涂料有绝缘作用,故管极不会和工件短路,装配间隙可缩小,因而管极电渣焊可节省焊接材料和提高焊接生产率。由于薄板可只采用一根管极,操作方便,管极易于弯成各种曲线形状,故管极电渣焊多用于薄板及曲线焊缝的焊接。

此外,还可通过管极上的涂料适当地向焊缝中渗合金,这对细化焊缝晶粒有一定作用。

3.3 板极电渣焊

板极电渣焊的电极为金属板,根据被焊件厚度不同可采用一块或数块金属板条进行焊接。通过送进机构将板极不断向熔池中送进,不作横向摆动,可获得致密可靠的接头。

板极可以是铸造的也可以是锻造的,板极电渣焊适于不宜拉成焊丝的合金钢材料的焊接和堆焊,板极材料化学成分与焊件相同或相近即可,可用边角料制作,目前多用于模具钢的堆焊、轧辊的堆焊等。

板极电渣焊的板极一般为焊缝长度的4～5倍,因此送进设备高大,消耗功率很大,校正电极板的方位困难,焊接过程中板极在接头间隙中晃动,易于和工件短路,操作较复杂,因此一般不用于普通材料的焊接。

4 电渣焊安全技术

电渣焊是一个综合工种,除发生电焊、气割等事故,还会发生表2-2中的安全事故。

表 2-2 进行电渣焊时的安全事故及预防措施

序号	安全事故	产生的原因	预防措施
1	有害气体	焊接时焊剂中的 CaF_2 分解,产生较多的 HF 气体,危害人体	(1) 选用 CaF_2 含量低的焊剂; (2) 设计的电渣焊工作区应有排除有害气体的措施; (3) 设计电渣焊结构应尽量避免让工人在狭小和不通风的地方工作

序号	安全事故	产生的原因	预防措施
2	爆渣或漏渣引起的烧伤	(1) 焊接面有缩孔,焊接时熔穿,气体进入渣池,引起严重爆渣; (2) 起爆槽引出板与工件之间的间隙大,熔渣漏入间隙引起爆渣; (3) 水分进入渣池引起爆渣	(1) 焊前对焊件应严格检查有无缩孔和裂纹等缺陷,如有要清除干净,焊补后进行电渣焊接; (2) 提高装配质量; (3) 焊前仔细检查供水系统,焊剂应烘干
3	触电事故	电渣焊空载电压超过60 V、两相电压之间可达到100 V以上,超过36 V的安全电压,对工人造成触电事故	(1) 操作工人应避免在有电的情况下触电极,需要有电情况下触电应戴绝缘手套; (2) 不允许在带电的情况下触摸两相电极
4	变压器烧坏的事故	电渣焊变压器绝缘不良或内部短路等	(1) 焊接前应检查变压器冷却水的情况,焊接时严禁停水; (2) 焊前应做好设备与电气线路的检查

第五节　热喷涂安全技术

　　热喷涂是将熔融状态的喷涂材料,通过高速气流雾化并喷射在工件表面上,形成喷涂的一种表面加工方法。

　　热喷涂时,被加热到熔融状态的喷涂材料粒子在喷射到工件表面后,由于同工件表面发生撞击而产生变形、互相镶嵌并迅速冷却凝固。大量的变形粒子依次堆叠,喷涂粒子的撞击和冷凝时的收缩,使形成的喷涂层内部存在着拉应力或压应力。喷涂过程中,喷涂材料与周围空气相互作用而发生氧化和氮化,使喷涂层中含有氧化物或氮化物。喷涂粒子的堆叠,在喷涂层中形成了各种封闭的、表面的和穿透的孔隙。

热喷涂时,喷涂层与工件表面之间主要产生由于相互间的镶嵌而形成的机械结合。同时,当高温、高速的金属喷涂粒子与清洁的金属工件表面紧密接触,并使两者间的距离达到晶格常数的范围内时,才会产生金属键结合。在喷涂放热型复合材料时,在喷涂层与工件之间的界面上,微观局部可能产生"微焊接"结合。

1　热喷涂方法及设备

1.1　火焰喷涂

在喷涂时,粉末喷涂材料从粉斗被送入氧-乙炔火焰中,由火焰加热并依靠火焰加速喷射工件表面。在有些情况下,也可以向火焰中吹入压缩空气,使粉末获得更高的速度。

粉末火焰喷涂设备由喷枪及乙炔气和氧气的供给装置组成。喷枪主要包括火焰燃烧系统和送粉系统两部分。根据功率的大小,喷枪可分为中小型和大型两类。中小型喷枪的外形和结构与普通的氧-乙炔焊枪相似,不同之处在于喷枪上装有粉斗和射吸粉末的粉阀体。它们的外形结构有以下区别:

中小型喷枪在粉斗与粉阀体之间装有一个常闭阀门。工作时,按下粉阀开关柄,粉末由于自重的作用沿管路下流,并由向前喷射的氧气在喷枪前端形成的负压将粉末吸入喷枪,通过喷嘴进入火焰。火焰燃烧系统采用射吸式原理,氧气和乙炔混合后,由喷嘴上的孔中喷出,点燃后构成喷末的加热源。

大型喷枪有等压式和射吸式两种,其中较常采用的是射吸式。大型喷枪的送粉系统和氧-乙炔混合系统是分开的,因此,火焰性质和功率的调整与送粉气流的调节互不影响。这类喷枪除可以安装适合于喷涂一般粉末材料的通用喷嘴外,还配备有适合于喷涂特殊材料或用于喷熔时使用的喷嘴。通常大型喷枪都设计有辅助送粉气进口,可通入辅助气体(压缩空气或惰性气体),以提高高熔点材料或易氧化材料的喷涂质量。

中小型喷枪的价格便宜,操作简单,适用于较小工件的局部修复。大型喷枪的安全性和可靠性好,对喷涂材料的适用范围广,而且工艺参数容易控制,喷涂效率和喷涂层的质量都比较高,适用于较大或较重要工件的强化和修复。

1.2 电弧喷涂

电弧喷涂时,将两根通电的金属丝分别送入喷枪,利用在丝端产生的电弧将金属丝本身熔化,并由压缩空气将熔化的金属雾化成微粒,喷射到工件表面,形成喷涂层。电弧喷涂设备主要包括喷枪、电源、送丝机及压缩空气供给装置。

电弧喷涂通常使用直流电源,但对电源的要求与焊接略有不同,希望采用具有平特性或略带上升特性的外特性电源,因此多配备专用的喷涂电源。

1.3 等离子喷涂

等离子喷涂是利用等离子焰流(即非转移型等离子弧)为热源,将粉末喷涂材料加热和加速,喷射到工件表面,形成喷涂层的一种热喷涂方法。

工作气体从喷嘴与钨电极间的缝隙中通过,当电源接通后,在喷嘴与钨电极端部之间产生高频电火花,将等离子电弧引燃,连续送入的工作气体穿过电弧后,成为由喷嘴喷出的高温等离子焰流,喷涂粉末悬浮在送粉气流内,被送入等离子焰流,迅速达到熔融状态,并高速喷射在工件表面上。在喷涂过程中,工件不与电源相接,因此工件表面不会形成熔池,并可以保持较低的温度(200 ℃以下),不会发生变形或改变原来的淬火组织。

等离子喷涂设备主要包括喷枪、电源、送粉器、冷却水供给系统、气体供给系统及控制系统。

等离子喷枪实质上是一个等离子发生器,是等离子喷涂设备的核心装置。由于在喷涂过程中,粉末在等离子焰流中的加热时间大约只有 2×10^{-5} s。因此,粉末进入焰流的位置只要发生微小的变化,便会明显地改变粉末的加热效率。将粉末送入等离子焰流的方式有枪内送粉和枪外送粉两种。枪内进粉时,粉末的加热效率高,但在长时间工作的情况下,熔化后的粉末容易在喷嘴出口处堆积而堵塞枪口。枪外送粉可以避免枪口堵塞,但粉末的加热效率较低。

等离子喷涂均采用直流电源。目前,我国生产的等离子喷涂电源的额定功率主要有 40 kW、50 kW 和 80 kW 三种规格,对等离子喷涂电源的性能要求与电弧电源基本相同。

2 热喷涂材料

根据工件的工作环境和使用要求,可将喷涂材料按性质分为两类。

2.1 耐磨喷涂材料

在要求耐磨的场合,使用最多的喷涂材料有两类,即自熔性合金材料(镍基、钴基和铁基合金)和陶瓷材料,或两种材料的混合物。

对于不要求耐高温而只要求耐磨的场合,特别是在要求耐磨粒磨损的条件下,最合适的材料是碳化物与镍基合金化合物。在滑动磨损的条件下,用高碳钢、马氏体不锈钢、钼、镍基合金等喷涂材料,都可获得很好的耐磨性。

2.2 耐腐蚀喷涂材料

锌、铝、奥氏体不锈钢、铝青铜、钴基和镍基合金等喷涂层,在进行封孔处理之后,都具有不同程度的耐大气压腐蚀性。其中使用广泛的是锌和铝,两者在大气中都可以对钢铁构件起保护作用。

对钢铁构件来说,不锈钢和镍基合金材料本身都具有良好的耐腐蚀性,但要求喷涂层必须非常致密、无空隙,以防止腐蚀介质的渗透。因此,对于这类喷涂层,在喷涂时要保证致密度和一定的厚度,并要求对喷涂层做封孔处理。

3 热喷涂安全防护

热喷涂生产中可能出现的有害因素见表 2-3。对于热喷涂生产中出现的有害因素,只要保护措施得当,可以消除或减弱其危害性。热喷涂生产中主要有害因素的相应防护措施见表 2-4。

表 2 - 3　热喷涂生产中可能出现的有害因素

工　序	工　种	有害因素
工件表面制备	除锈、去油、酸洗	异种气体、粉尘
	喷沙	粉尘、噪音
热喷涂	等离子喷涂	弧光辐射、金属粉末、臭氧、氮氧化物、噪音、高频电磁场
	氧-乙炔火焰喷涂、电弧喷涂	金属粉末、热辐射、紫外线辐射、红外线辐射

表 2 - 4　热喷涂生产中主要有害因素的防护措施

有害因素	防护措施
臭氧、氮氧化物、金属粉末	保持现场空气流通,操作人员戴防尘罩,实现机械化、自动化
火焰及弧光辐射	操作人员戴防尘罩,保护身体,防止等离子弧光照射
噪声	戴隔音耳罩
高频电场	屏蔽电场

火焰喷涂安全防护应注意以下几点:

(1)氧气瓶未装减压器前应稍微打开氧气阀门把污物吹除干净,以免灰尘、垃圾进入减压器而堵塞,造成事故。

(2)禁止把氧气瓶和乙炔瓶以及其他可燃气体的钢瓶放在一起;凡易燃品、油脂和带有油污的物品,不能和氧气瓶同车运输。

(3)搬运氧气瓶和乙炔瓶时,应将瓶口颈上的保护帽装好,使用时,应放在妥善可靠的地方,才能把瓶口颈上的保护帽取下。在扳瓶口帽时,只能用手或扳手旋下,禁止用金属锤敲击,防止产生火星而造成事故。

(4)氧气减压表螺母在氧气瓶嘴上至少要拧上 6～8 扣。螺丝接头应拧紧,减压表调节螺杆应松开。

(5)在把氧气瓶、减压器装好后,慢慢地打开氧气阀门,检查减压器连接氧气瓶的接头是否漏气,表指示是否灵活,开启氧气阀时,头脸不要对着减压表,应站在减压器侧面或后面。检查漏气时不得使用烟火或明火,可用肥皂水检查,检查不漏后方可使用。

（6）严禁氧气瓶口接触油脂,或用油污的扳手拧氧气瓶阀和减压连接螺丝,也不允许戴油污的手套,以免产生燃烧爆炸事故。

（7）氧气瓶、乙炔瓶及减压器在使用前后应妥善安放,避免撞击和震动。

（8）使用乙炔瓶、氧气瓶时应垂直立放,并设有支架固定,防止跌倒。

（9）氧气瓶与乙炔瓶、易燃易爆物品或其他明火要保持 8～10 m 以上的距离。在某种情况下,确实难以达到 8～10 m 时,应保证不小于 5 m,但必须加强防护。

（10）氧气瓶中的氧气不允许全部用完,至少留 0.1～0.2 MPa 的剩余压力。

（11）冬天如遇到瓶阀和减压器冻结时,可以用热水、蒸汽或红外灯泡给予解冻,严禁使用明火加热。

（12）禁止使用铁器猛击气瓶各部,也不能猛拧减压表的调节螺杆,以防气流高速冲出,因局部摩擦产生高温而发生事故。

（13）夏天露天操作时,氧气瓶和乙炔瓶应防止直接受烈日曝晒,以免引起气体膨胀发生爆炸,必须放在凉棚内或用湿布掩盖。

第六节　焊接机器人

焊接机器人是指具有三个或三个以上可自由编程的轴,并能将焊接工具按要求送到预定空间位置,按要求轨迹及速度移动焊接工具的机器,是一种多用途的、可重复编程的自动控制操作机,用于工业自动化领域。为了适应不同的用途,机器人最后一个轴的机械接口,通常是一个连接法兰,可接装不同工具或称末端执行器。焊接机器人就是在工业机器人的末轴法兰装接焊钳或焊（割）枪的,使之能进行焊接、切割或热喷涂。焊接机器人包括弧焊机器人、激光焊接机器人、点焊机器人等。

1 焊接机器人简介

1.1 焊接机器人的优点

随着电子技术、计算机技术、数控及机器人技术的发展,自动弧焊机器人工作站从 20 世纪 60 年代开始用于生产以来,其技术已日益成熟,主要有以下优点:

(1)稳定和提高焊接质量。

(2)提高劳动生产率。

(3)改善工人劳动强度,可在有害环境下工作。

(4)降低了对工人操作技术的要求。

(5)缩短了产品改型换代的准备周期,减少相应的设备投资。

因此,焊接机器人在各行各业已得到了广泛的应用。

1.2 组成

焊接机器人主要包括机器人和焊接设备两部分。机器人由机器人本体和控制柜(硬件及软件)组成。而焊接装备,以弧焊及点焊为例,则由焊接电源(包括其控制系统)、送丝机(弧焊)、焊枪(钳)等部分组成。对于智能机器人还应有传感系统,如激光或摄像传感器及其控制装置等。

1.3 结构形式及性能

世界各国生产的焊接用机器人基本上都属关节机器人,绝大部分有 6 个轴。其中,1、2、3 轴可将末端工具送到不同的空间位置,而4、5、6 轴解决工具姿态的不同要求。焊接机器人本体的机械结构主要有两种形式:一种为平行四边形结构,一种为侧置式(摆式)结构。侧置式(摆式)结构的主要优点是上、下臂的活动范围大,使机器人的工作空间几乎能达一个球体。因此,这种机器人可倒挂在机架上工作,以节省占地面积,方便地面物件的流动。但是这种侧置式机器人,2、3 轴为悬臂结构,降低机器人的刚度,一般适用于负载较小的机器人,用于电弧焊、切割或喷涂。平行四边形机器人其上臂是通过一根拉杆驱动的。拉杆与下臂组成一个平行四边形的两条边,故而得名。早期开发的平行四边形机器人工作空间比较小

（局限于机器人的前部），难以倒挂工作。但 20 世纪 80 年代后期以来开发的新型平行四边形机器人（平行机器人），已能把工作空间扩大到机器人的顶部、背部及底部，又没有侧置式机器人的刚度问题，从而得到普遍的重视。这种结构不仅适合于轻型机器人也适合于重型机器人。近年来点焊用机器人（负载 100～150 kg）大多选用平行四边形结构形式的机器人。

上述两种机器人各个轴都是做回转运动，故采用伺服电机通过摆线针轮减速器(1～3 轴)及谐波减速器(1～6 轴)驱动。在 20 世纪 80 年代中期以前，对于电驱动的机器人都是用直流伺服电机，而 80 年代后期以来，各国先后改用交流伺服电机。由于交流电机没有碳刷，动特性好，使新型机器人不仅事故率低，而且免维修时间大为增长，加(减)速度也快。一些负载 16 kg 以下的新的轻型机器人其工具中心点的最高运动速度可达 3 m/s 以上，定位准确，振动小。同时，机器人的控制柜也改用 32 位的微机和新的算法，使之具有自行优化路径的功能，运行轨迹更加贴近示教的轨迹。

2 点焊机器人的焊接装备

点焊对焊接机器人的要求不是很高。因为点焊只需点位控制，至于焊钳在点与点之间的移动轨迹没有严格要求，这也是机器人最早只能用于点焊的原因。点焊用机器人不仅要有足够的负载能力，而且在点与点之间移位时速度要快捷，动作要平稳，定位要准确，以减少移位的时间，提高工作效率。点焊机器人需要有多大的负载能力，取决于所用的焊钳形式。与变压器分离的焊钳，30～45 kg 负载的机器人就足够了。但是，这种焊钳一方面由于二次电缆线长，电能损耗大，也不利于机器人将焊钳伸入工件内部焊接；另一方面电缆线随机器人运动而不停摆动，电缆的损坏较快。因此，目前逐渐增多采用一体式焊钳。这种焊钳连同变压器质量在 70 kg 左右。考虑到机器人要有足够的负载能力，能以较大的加速度将焊钳送到空间位置进行焊接，一般都选用 100～150 kg 负载的重型机器人。为了适应连续点焊时焊钳短距离快速移位的要求,新的重型机器人增加了可在 0.3 s 内完成 50 mm 位移的功能。这对电机的性能,微机的运算速度和算法都提出更高的要求。

点焊机器人的焊接装备,由于采用了一体化焊钳,焊接变压器装在焊钳后面,所以变压器必须尽量小型化。对于容量较小的变压器可以用 50 Hz 工频交流。而对于容量较大的变压器,已经开始采用逆变技术把 50 Hz 工频交流变为 600～700 Hz 交流,使变压器的体积减小、减轻。变压后可以直接用 600～700 Hz 交流电焊接,也可以再进行二次整流,用直流电焊接。焊接参数由定时器调节。新型定时器已经微机化,因此机器人控制柜可以直接控制定时器,无需另配接口。点焊机器人的焊钳,通常用气动的焊钳,气动焊钳两个电极之间的开口度一般只有两级冲程。而且电极压力一旦调定后是不能随意变化的。近年来出现一种新的电伺服点焊钳,焊钳的张开和闭合由伺服电机驱动,码盘反馈,使这种焊钳的张开度可以根据实际需要任意选定并预置。而且电极间的压紧力也可以无级调节。这种新的电伺服点焊钳具有如下优点:

(1)每个焊点的焊接周期可大幅度降低,因为焊钳的张开程度是由机器人精确控制的,机器人在点与点之间的移动过程中焊钳就可以开始闭合;而焊完一点后,焊钳一边张开,机器人就可以一边位移,不必等机器人到位后焊钳才闭合或焊钳完全张开后机器人再移动。

(2)焊钳张开度可以根据工件的情况任意调整,只要不发生碰撞或干涉尽可能减少张开度,节省焊钳开度,以节省焊钳开合所占的时间。

(3)焊钳闭合加压时,不仅压力大小可以调节,而且在闭合时两电极是轻轻闭合,减少撞击变形和噪声。

3 弧焊机器人的焊接设备

弧焊过程比点焊过程要复杂得多,工具中心点(TCP),也就是焊丝端头的运动轨迹、焊枪姿态、焊接参数都要求精确控制。所以,弧焊用机器人除了前面所述的一般功能外,还必须具备一些适合弧焊要求的功能。

虽然从理论上讲,有 5 个轴的机器人就可以用于电弧焊,但是对复杂形状的焊缝,用 5 个轴的机器人会有困难。因此,除非焊缝比较简单,否则应尽量选用 6 轴机器人。

弧焊机器人除在作"之"字形拐角焊或小直径圆焊缝焊接时,除其轨迹应能贴近示教的轨迹之外,还应具备不同摆动样式的软件功能,供编程时选用,以便作摆动焊,而且摆动在每一周期中的停顿点处,机器人也应自动停止向前运动,以满足工艺要求。此外,还应有接触寻位、自动寻找焊缝起点位置、电弧跟踪及自动再引弧功能等。

弧焊机器人多采用气体保护焊方法,通常的晶闸管式、逆变式、波形控制式、脉冲或非脉冲式等的焊接电源都可以装到机器人上作电弧焊。由于机器人控制柜采用数字控制,而焊接电源多为模拟控制,所以需要在焊接电源与控制柜之间加一个接口。近年来,国外机器人生产厂都有自己特定的配套焊接设备,这些焊接设备内已经插入相应的接口板。应该指出,在弧焊机器人工作周期中电弧时间所占的比例较大,因此在选择焊接电源时,一般应按持续率 100% 来确定电源的容量。

送丝机构可以装在机器人的上臂上,也可以放在机器人之外,前者焊枪到送丝机之间的软管较短,有利于保持送丝的稳定性,而后者软管较长,当机器人把焊枪送到某些位置,使软管处于多弯曲状态,会严重影响送丝的质量。所以送丝机的安装方式一定要考虑保证送丝稳定性的问题。

4 焊接机器人的维护保养

4.1 日检查及维护

(1)送丝机构。包括送丝力矩是否正常,送丝导管是否损坏,有无异常报警。

(2)气体流量是否正常。

(3)焊枪安全保护系统是否正常。(禁止关闭焊枪安全保护工作)

(4)水循环系统工作是否正常。

（5）测试 TCP。

4.2　周检查及维护

（1）擦洗机器人各轴。

（2）检查 TCP 的精度。

（3）检查清渣油油位。

（4）检查机器人各轴零位是否准确。

（5）清理焊机水箱后面的过滤网。

（6）清理压缩空气进气口处的过滤网。

（7）清理焊枪喷嘴处杂质，以免堵塞水循环。

（8）清理送丝机构，包括送丝轮、压丝轮、导丝管。

（9）检查软管束及导丝软管有无破损及断裂。（建议取下整个软管束用压缩空气清理）

（10）检查焊枪安全保护系统是否正常，以及外部急停按钮是否正常。

4.3　月检查及维护

（1）润滑机器人各轴。其中 1～6 轴加白色的润滑油。油号 86E006。

（2）RP 变位机和 RTS 轨道上的红色油嘴加黄油。油号：86K007。

（3）RP 变位机上的蓝色加油嘴加灰色的导电脂。油号：86K004。

（4）送丝轮滚针轴承加润滑油。（少量黄油即可）

（5）清理清枪装置，加注气动马达润滑油。（普通机油即可）

（6）用压缩空气清理控制柜及焊机。

（7）检查焊机水箱冷却水水位，及时补充冷却液。（纯净水加少许工业酒精即可）

（8）完成 1～7 项的工作外，执行周检的所有项目。

4.4　焊接机器人的维护保养工作由操作者负责，每次保养必须填写保养记录，设备出现故障应及时汇报维修，并详细描述故障出现前设备的情况和所进行的操作，积极配合维修人员检修，以便

顺利恢复生产。对设备保养情况进行不定期抽查。操作者在每班交接时仔细检查设备完好状况,记录好各班设备运行情况。

5 焊接机器人的应用

5.1 焊接机器人工作站

如果工件在整个焊接过程中无需变位,就可以用夹具把工件定位在工作台面上,这种系统是最简单不过的了。但在实际生产中,更多的工件在焊接时需要变位,使焊缝处在较好的位置(姿态)下焊接。对于这种情况,变位机与机器人可以分别运动,即变位机变位后机器人再焊接;也可以是同时运动,即变位机一边变位机器人一边焊接,也就是常说的变位机与机器人协调运动。这时变位机的运动及机器人的运动复合,使焊枪相对于工件的运动既能满足焊缝轨迹又能满足焊接速度及焊枪姿态的要求。实际上这时变位机的轴已成为机器人的组成部分,这种焊接机器人系统可以多达 7～20 个轴或更多。最新的机器人控制柜可以是两台机器人的组合做 12 个轴协调运动,其中一台是焊接机器人,另一台是搬运机器人,作变位机用。

对焊接机器人工作站进一步细分,可分为以下四种:

(1)箱体焊接机器人工作站是专门针对箱柜行业中生产量大,焊接质量及尺寸要求高的箱体焊接开发的机器人工作站专用装备。

箱体焊接机器人工作站由弧焊机器人、焊接电源、焊枪送丝机构、回转双工位变位机、工装夹具和控制系统组成。该工作站适用于各式箱体类工件的焊接,在同一工作站内通过使用不停的夹具可实现多品种的箱体自动焊接,焊接的相对位置高。由于采用双工位变位机,焊接的同时,其他工位可拆装工件,极大地提高了焊接效率。由于采用了熔化极惰性气体保护焊脉冲过渡或冷金属过渡焊接工艺方式进行焊接,使焊接过程中热输入量大大减少,保证产品焊接后不变形,通过调整焊接规范和机器人焊接姿态,保证产品焊缝质量好,焊缝美观,特别对于密封性要求高的不锈钢气室,焊接后保证气室气体不泄漏。通过设置控制系统中的品种选择参数并更换工作夹具,可实现多个品种箱体的自动焊接。

用不同工作范围的弧焊机器人和相应尺寸的变位机,工作站可以满足焊缝长度在 2 000 mm 左右的各类箱体的焊接要求。焊接速度 3～10 mm/s,根据箱体基本材料,焊接工艺采用不同类型的气体保护焊。该工作站还广泛用于电力、电气、机械、汽车等行业。

(2) 不锈钢气室机器人柔性激光焊接加工设备是针对不锈钢焊接变形量比较大、密封性要求高的箱体类工件焊接开发的柔性机器人激光焊接加工设备。该加工设备是由机器人、激光发生器机组、水冷却机组、激光扫描跟踪系统、柔性变位机、工装夹具、安全护栏、吸尘装置和控制系统等组成,通过设置控制系统中的品种选择参数并更换工装夹具,可实现多个品种的不锈钢气室类工件的自动焊接。

(3) 轴类焊接机器人工作站是专门针对低压电器行业中万能式断路器中的转轴焊接开发的专用设备,推出了一套专用的转轴焊接机器人工作站。

轴类焊接机器人工作站由弧焊机器人、焊接电源、焊枪送丝机构、回转双工位变位机、工装夹具和控制系统组成。该工作站用于以转轴为基体(上置若干悬臂)的各类工件的焊接,在同一工作站内通过使用不同的夹具可实现多品种的转轴自动焊接。焊接的相对位置精度很高。由于采用双工位变位机,焊接的同时,其他工位可拆装工件,极大地提高了效率。

技术指标如下:转轴直径 $\phi 10～50$ mm,长度 300～900 mm,焊接速度 3～5 mm/s,焊接工艺采用混合气体保护焊,变位机回转,变位精度达 0.05 mm。

轴类焊接机器人工作站广泛应用于高质量、高精度的各类工件焊接,适用于电力、电气、机械、汽车等行业。如果采用手工电弧焊进行转轴焊接,工人劳动强度极大,产品的一致性差,生产效率低,仅为 2～3 件/小时。采用自动焊接工作站后,产量可达到 15～20件/小时,焊接质量和产品的一致性也大幅度提高。

（4）机器人焊接螺柱工作站是针对复杂零件上具有不同规格螺柱采用机器人将螺柱焊接到工件上的设备。该工作站主要由机器人、螺柱焊接电源、自动送钉机、机器人自动螺柱焊枪、变位机、工装夹具、自动换枪装置、自动检测软件、控制系统和安全护栏等组成，通过自动送钉机将螺柱送到机器人自动焊枪里面，通过编程使机器人按一定的路径，将不同规格的螺柱焊接到工件上。可以采用储能焊接或拉弧焊接将螺柱牢牢地焊接到工件上，保证焊接精度和焊接强度。焊接效率 3～10 个/分钟，螺柱规格：直径 3～8 mm，长度 5～40 mm。

5.2 焊接机器人生产线

焊接机器人生产线比较简单的是把多台工作站（单元）用工件输送线连接起来组成一条生产线。这种生产线仍然保持单站的特点，即每个站只能用选定的工件夹具及焊接机器人的程序来焊接预定的工件，在更改夹具及程序之前的一段时间内，这条线是不能焊其他工件的。

另一种是焊接柔性生产线。柔性线也是由多个站组成，不同的是被焊工件都装卡在统一形式的托盘上，而托盘可以与线上任何一个站的变位机相配合并被自动卡紧。焊接机器人系统首先对托盘的编号或工件进行识别，自动调出焊接这种工件的程序进行焊接。这样每一个站无需作任何调整就可以焊接不同的工件。焊接柔性线一般有一个轨道子母车，子母车可以自动将点固好的工件从存放工位取出，再送到有空位的焊接机器人工作站的变位机上。也可以从工作站上把焊好的工件取下，送到成品件流出位置。整个柔性焊接生产线由一台调度计算机控制。因此，只要白天装配好足够多的工件，并放到存放工位上，夜间就可以实现无人或少人生产了。

工厂选用哪种自动化焊接生产形式，必须根据工厂的实际情况而定。焊接专机适合批量大、改型慢的产品，而且工件的焊缝数量较少、较长，形状规矩（直线、圆形）；焊接机器人系统一般适合中小批量生产，被焊工件的焊缝可以短而多，形状较复杂。柔性焊接线特别适合产品品种多,每批数量又很少的情况,目前国外企业正在大力推广无(少)库存、按订单生产的管理方式,在这种情况下采用柔性焊接线是比较合适的。

5.3　焊接机器人在汽车生产中的应用

焊接机器人目前已广泛应用在汽车制造业,在汽车底盘、坐椅骨架、导轨、消声器以及液力变矩器等焊接,尤其在汽车底盘焊接生产中得到了广泛的应用。丰田公司已决定将点焊作为标准来装备其日本国内和海外的所有点焊机器人,用这种技术可以提高焊接质量,因而甚至试图用它来代替某些弧焊作业,在短距离内的运动时间也大为缩短。该公司最近推出一种高度低的点焊机器人,用它来焊接车体下部零件。这种矮小的点焊机器人还可以与较高的机器人组装在一起,共同对车体上部进行加工,从而缩短了整个焊接生产线长度。国内生产的桑塔纳、帕萨特、别克、赛欧、波罗等后桥、副车架、摇臂、悬架、减振器等轿车底盘零件大都是以 MIG 焊接工艺为主的受力安全零件,主要构件采用冲压焊接,板厚平均为 1.5～4 mm,焊接主要以搭接、角接接头形式为主,焊接质量要求相当高,其质量的好坏直接影响到轿车的安全性能。应用机器人焊接后,大大提高了焊接件的外观和内在质量,保证了质量的稳定性,并降低了劳动强度,改善了劳动环境。

第三章 典型事故案例分析

熔化焊接与热切割作业容易发生的事故类别主要有触电、火灾、爆炸、高处坠落、灼烫、物体打击及职业危害等。事故原因可归纳为人的不安全行为、物的不安全状态以及管理缺陷,其中人的因素是主要原因。只要操作者具有安全意识,绝大多数事故都能避免。因此必须通过安全知识学习,不断提高熔化焊接与热切割作业人员的安全素质,强化安全意识,减少事故的发生。本章通过部分典型事故案例分析,起到警示的作用。

第一节 触电事故

案例 1:焊工擅自接通焊机电源,遭电击

1. 事故经过

某厂有位焊工到室外临时施工点焊接,焊机接线时因无电源闸盒,便自己将电缆每股导线头部的胶皮去掉,分别接在露天的电网线上,由于错接零线在火线上,当他调节焊接电流用手触及外壳时,即遭电击身亡。

2. 主要原因分析

由于焊工不熟悉有关电气安全知识,将零线和火线错接,导致焊机外壳带电,酿成触电死亡事故。

3. 主要预防措施

焊接设备接线必须由电工进行,焊工不得擅自进行。

案例 2:更换焊条时手触焊钳口,遭电击

1. 事故经过

某船厂有一位年轻的女电焊工正在船舱内焊接,因舱内温度高加之通风不良,身上大量出汗将工作服和皮手套湿透。在更换焊条时触及焊钳口因痉挛后仰跌倒,焊钳落在颈部未能摆脱,造成电击。事故发生后经抢救无效而死亡。

2. 主要原因分析

（1）焊机的空载电压较高,超过了安全电压。

（2）船舱内温度高,焊工大量出汗,人体电阻降低,触电危险性增大。

（3）触电后未能及时发现,电流通过人体的持续时间较长,使心脏、肺部等重要器官受到严重破坏,抢救无效。

3. 主要预防措施

（1）船舱内焊接时,要设通风装置,使空气对流。

（2）舱内工作时要设监护人,随时注意焊工动态,遇到危险征兆时,立即拉闸进行抢救。

案例3:接线板烧损,焊机外壳带电,造成事故

1. 事故经过

某厂焊工甲和乙进行铁壳点焊时,发现焊机一段引线圈已断,电工只找了一段软线交乙自己更换。乙换线时,发现一次线接线板螺栓松动,使用扳手拧紧（此时甲不在现场）,然后试焊几下就离开现场,甲返回后不了解情况,便开始点焊,只焊了一下就大叫一声倒在地上。

工人丙立即拉闸,但甲由于抢救不及时而死亡。

2. 主要原因分析

（1）因接线板烧损,线圈与焊机外壳相碰,因而引起短路。

（2）焊机外壳未接地。

3. 主要预防措施

（1）应由电工进行设备维修。

（2）焊接设备应保护接地。

案例4:焊工未按要求穿戴防护用品,触电身亡

1. 事故经过

上海某机械厂结构车间,用数台焊机对产品机座进行焊接,一名焊工右手合电闸、左手扶焊机时的一瞬间大叫一声,倒在地上,经送医院抢救无效死亡。

2. 主要原因分析

（1）电焊机外壳带电。

（2）焊工未戴绝缘手套及穿绝缘鞋。

（3）焊机接地失灵。

3. 主要预防措施

（1）工作前应检查设备绝缘层有无破损、接地是否良好。

（2）焊工应戴好个人防护用品。

（3）推、拉电源闸刀时，要戴绝缘手套，动作要快，站在侧面。

案例5：焊机动力线绝缘损坏，焊工触电死亡事故

1. 事故经过

某厂有位焊工，因焊接工作地点距离插座较远，便将长电源线拖在地面，并通过铁门。当其关门时，铁门挤破电源线的绝缘皮而带电，致使该焊工遭电击身亡。

2. 主要原因分析

焊机的电源线太长并且拖在地面上，违反安全规定，当电缆的橡胶绝缘套被铁门挤破时造成漏电，焊工触电导致电击死亡。

3. 主要预防措施

由于焊机的电源电压较高（220/380 V），因此其长度越短越好。必须严格遵守安全规程的规定，焊机电源线不得超过 2～3 m，严禁将焊机电源线拖于地面。确需延长时，必须离地面2.5 m沿墙或立柱用瓷瓶布设。同时，还应避免电缆受到机械性损伤，防止电缆绝缘损坏而漏电。

案例6：焊工带银项链导致触电死亡事故

1. 事故经过

某年7月14日10:00左右，某船厂一名电焊工在焊接时不慎触电，大叫一声倒在地上，经送医院抢救无效死亡。有关人员在检查现场时，发现电焊机、接线情况及电缆线、电焊钳、手套等均无任何问题，只是死者后颈上有一条不粗的线状烙印，在地下有一摊白色的熔融过的金属。

2. 主要原因分析

检查设备和现场均未发现问题,但焊工被确认触电死亡,根据地上有一摊白色的熔融过的金属和死者后颈有一条不粗的线状烙印,可推断焊工在低头干活时,其银项链下坠触电,造成触电死亡。

3. 主要预防措施

焊工作业过程中要防止金银项链等饰物碰到电源引起触电。

第二节　火灾事故

案例7:上海"11·15"教师公寓特大火灾事故

1. 事故经过

上海市静安区胶州路728号胶州教师公寓正在进行外墙整体节能保温改造,2010年11月15日14时14分,4名无证焊工在10层电梯前室北窗外进行违章电焊作业,由于未采取保护措施,电焊溅落的金属熔融物引燃下方9层位置脚手架防护平台上堆积的聚氨酯硬泡保温材料碎块,聚氨酯迅速燃烧形成密集火灾,由于未设现场消防措施,4人不能将初期火灾扑灭,并逃跑。燃烧的聚氨酯引燃了楼体9层附近表面覆盖的尼龙防护网和脚手架上的毛竹片。由于尼龙防护网是全楼相连的一个整体,火势便由此开始以9层为中心蔓延,尼龙防护网的燃烧引燃了脚手架上的毛竹片,同时引燃了各层室内的窗帘、家具、煤气管道的残余气体等易燃物质,造成火势的急速扩大,并于15时45分火势达到最大。在消防队的救援下这种火势持续了55分钟,火势于16时40分开始减弱,火灾重点部位主要转移到了5层以下。中高层可燃物减少,火势急速减弱。在消防员的不懈努力下,火灾于18时30分被基本扑灭。随后消防员进入楼内扑灭残火和抢救人员。在这次火灾中,58人遇难,71人受伤。

2. 主要原因(直接原因)分析

(1)焊接人员无证上岗,且违规操作,同时未采取有效防护措施,导致焊接熔化物溅到楼下不远处的聚氨酯硬泡保温材料上,聚氨酯硬泡迅速燃烧，引燃楼体表面可燃物，大火迅速蔓延至整栋大楼。

2010年刚刚颁布的《特种作业人员安全技术培训考核管理规定》中第五条、《建设工程安全生产管理条例》第二十五条、《中华人民共和国安全生产法》第二十三条都要求焊接等特种作业人员需经过专业培训，取得《中华人民共和国特种作业操作证》后，方可上岗作业。

焊接人员未向业主单位或者施工单位出示特种作业焊接的操作资格证，同时业主单位或者施工单位也未向焊接人员要求特种作业焊接的操作资格证，焊接时未能按照焊工安全操作规程采取防护或隔离措施，焊工安全操作规程规定：在工作中，不论是站立还是仰卧都需垫放绝缘体；严禁在易燃品或者易爆品周围焊接，必须焊接时，必须超过5 m区域外方可操作。

（2）工程中所采用的聚氨酯硬泡保温材料不合格或部分不合格。

3．主要预防措施

（1）施工总包企业要建立健全安全质量管理制度并落实。

施工单位要加大对作业人员的安全教育培训和上岗要求，对特种作业人员必须严格进行培训，并要求具备特种作业操作资格证，杜绝无证上岗的行为。培训时尤其要注意提高其安全意识，增强安全操作技能，将事故发生的可能降到最低。

（2）监理单位切实落实履行监理职责。

（3）政府主管部门加强监督管理的职能。

（4）高层逃生知识培训，让居民与工作人员了解逃生方法。

案例8：焊工在容器内焊接，借用氧气置换引起火灾

1．事故经过

某农药厂机修焊工进入直径1 m、高2 m的繁殖锅内焊接挡板，未装排烟设备，而用氧气吹锅内烟气，使烟气消失。当焊工再次进入锅内焊接作业时，只听"轰"的一声，该焊工烧伤面积达88％，三度烧伤占60％，抢救7天后死亡。

2. 主要原因分析

(1) 用氧气作通风气源严重违章。

(2) 进入容器内焊接未设通风装置。

3. 主要预防措施

(1) 进入容器内焊接应设通风装置。

(2) 通风气源应该是压缩空气。

案例 9：氧气瓶的减压器着火烧毁

1. 事故经过

某建筑队气焊工在施焊时，使用漏气的焊炬，焊工的手心被调节轮处冒出的火炬苗烧伤起泡，涂上了獾油，还继续干活，施焊过程中又一次发生回火，氧气胶管爆炸，减压器着火并烧毁，关闭氧气瓶阀门时，氧气瓶上半段已烫手，非常危险。

2. 主要原因分析

(1) 漏气的焊炬容易发生回火。

(2) 在调节氧气压力时，氧气瓶阀和减压器沾上油脂，发生回火，在压缩纯氧强烈氧化作用下引起剧烈燃烧。

3. 主要预防措施

(1) 气焊前应检查焊炬是否良好，发现漏气严禁使用，待修复后再继续施焊。

(2) 不能用带有油脂的手套去开启氧气瓶阀和减压器。

案例 10：动火场地不符合要求，引燃大火

1. 事故经过

某船厂焊工顾某向驻船消防员申请动火，消防员未到现场就批准动火。顾某气割爆丝后，船底的油污遇火花飞溅，引燃熊熊大火。在场人员用水和灭火机扑救不成，造成 5 人死亡、1 人重伤、3 人轻伤的事故。

2. 主要原因分析

(1) 消防员失职，盲目审批。

(2) 动火部位下方有油污。

(3) 现场人员灭火知识缺乏。

3. 主要预防措施

（1）消防员接申请动火报告后，要深入现场察看，确认安全才能下发动火证。

（2）要清除动火部位下方的油污。

（3）要加强员工的安全知识学习。

案例 11：无证违章操作，酿 20 世纪末特大火灾

1. 事故经过

2000 年 12 月 25 日晚，圣诞之夜。位于洛阳市老城区的东都商厦楼前五光十色，灯火通明。台商新近租用东都商厦的一层和地下一层开设郑州丹尼斯百货商场洛阳分店，计划于 26 日试营业，正紧张忙碌地继续为店貌装修。商厦顶层 4 层开设的一个歌舞厅正举办圣诞狂欢舞会，然而就在大家沉浸于圣诞节的欢乐之中时，楼下几簇小小的电焊火花将正在装修的地下室烧起，火势和浓烟顺着楼梯直逼顶层歌舞厅，酿成了 20 世纪末的特大灾难，夺走了 309 人的生命。

2. 主要原因分析

（1）着火的直接原因是丹尼斯雇用的 4 名焊工没有受过安全技术培训，在无特种作业人员操作证的情况下进行违章作业。

（2）没有采取任何防范措施，野蛮施工致使火红的焊渣溅落引燃了地下二层家具商场的木制家具、沙发等易燃物品。

（3）在慌乱中浇水救火不成，几个人竟然未报警逃离现场，贻误了灭火和疏散的时机，致使 309 人中毒窒息死亡。

3. 主要预防措施

（1）焊工应持证上岗。在焊接过程中要注意防火。

（2）焊接场所应采取妥善的防护措施。

① 要设专职安全员监视火种。

② 易燃品要远离工作场地 10 m 以外，如移不去应采取切实可行的隔离方法。

③ 备有一定数量的灭火器材，如沙箱、泡沫灭火机等。

（3）事故发生后应立即报警，争取时间把火灾损失减到最小。

（4）要加强雇员的职业道德教育。

案例 12：喷漆房内电焊作业起火

1. 事故经过

电焊工甲在喷漆房内焊接一工件时，电焊火花飞溅到附近积有较厚的油漆膜的木板上起火。在场工人见状都惊慌失措，有的拿笤帚打火，有的用压缩空气吹火，造成火势扩大。后经消防队半小时抢救，将火熄灭。虽未伤人，但造成很大的财物损失。

2. 主要原因分析

（1）在禁火区焊接前未经动火审批，擅自进行动火作业，违反了操作规程。

（2）未经清除房内的油漆膜和采取任何防火措施，就进行动火作业。

（3）灭火方法不当，错误地用压缩空气吹火，不但灭不了火，反而助长了火势，造成事故扩大的恶果。

3. 主要预防措施

（1）不准在喷漆房内进行明火作业。如必须施焊，应执行动火审批制度。

（2）清除一切可燃物。

（3）油漆房内应备有沙子、泡沫或二氧化碳等灭火器材。

案例 13：脱附罐作焊机接地极造成事故

1. 事故经过

某厂的焊工，选用新安装的脱附罐作接地极（罐内有两吨多活性炭）。电焊时由于导线连接处的局部加热，引燃了罐内的活性炭，结果将两吨多的活性炭全部烧光。

2. 主要原因分析

由于焊接电流产生的电阻热和引弧时产生的电火花局部加热活性炭引起着火。

3. 主要预防措施

严禁利用金属物搭接起来作为焊接回路的导体。

案例 14：用氧气吹扫工作服产生静电起火烧伤事故

1. 事故经过

某厂一青工工作时衣服沾上大量灰尘，便随手将割炬上的氧气橡胶管拆下，用氧气吹扫衣服上的灰尘，当其解开帆布工作服纽扣，松开裤带进行吹扫时，突然"轰"的一声，工作服起火燃烧，该青工被大火烧伤。

2. 主要原因分析

这是一起违反氧气使用安全规程所发生的事故。氧气橡胶管内喷射出的纯氧流速很快，用其吹扫衣服灰尘使之与该青工身上的化纤内衣剧烈摩擦产生静电，促使衣服燃烧而发生了烧伤事故。

化纤织物由于吸水性能差，表面干燥，电阻率高，在发生摩擦时易产生静电放电，如人们通常在夜间熄灯后从身上脱下尼龙衫时看到的蓝色火花就是静电放电。

有人做过下面的试验：

用的确良上装的两个袖子快速摩擦百次左右，通过静电测量仪测得有 9 500 V 静电压。

用一块腈纶布与棉工作服摩擦，可以产生 200～350 V 静电压。

用两块腈纶布互相摩擦，可产生 500～600 V 静电压，在暗处就可以看见蓝色静电火花。

静电压达 300 V 时，放电的火花可以使汽油蒸气着火或爆炸，静电压达 500 V 时，放电的火花能导致苯蒸气着火或爆炸。

在富氧情况下，燃烧速度要比在空气中燃烧速度快得多，化纤物品燃烧时会熔成液滴黏附在皮肤上，且所产生的温度比棉布高，会加大烧伤伤情。

3. 主要预防措施

禁止使用氧气吹扫工作服、乙炔管道等。在易燃易爆岗位不准穿化纤衣服。

第三节　爆炸事故

案例 15：错用氧气替代压缩空气，引起爆炸

1. 事故经过

某五金商店一焊工在店堂内维修压缩机和冷凝器，在进行最后的气压试验时，因无压缩空气，焊工就用氧气来代替，当试压至 0.98 MPa 时，压缩机出现漏气，该焊工立即进行补焊。在引弧一瞬间压缩机爆炸，店堂炸毁，焊工当场炸死，并造成多人受伤。

2. 主要原因分析

（1）店堂内不可作为焊接场所。

（2）补焊前应打开一切孔盖，必须在没有压力的情况下补焊。

（3）氧气是助燃物质，不能替代压缩空气。

3. 主要预防措施

（1）店堂内不可作为焊接场所，如急需焊接也应采取切实可行的防护措施，即在动火点 10 m 内无任何易燃物品，备有相应的灭火器材等。

（2）补焊时应卸压。

（3）严禁用氧气替代压缩空气作试压气。

案例 16：装卸工违章作业，造成氧气瓶爆炸

1. 事故经过

某单位用卡车运回新灌的氧气，装卸工为图方便，把氧气瓶从车上用脚蹬下，第一个气瓶刚落下，第二个气瓶跟着正好砸在上面，立刻引起两个气瓶的爆炸，造成一死一伤。

2. 主要原因分析

两个气瓶相互碰撞，压缩气体在氧气瓶碰撞时受到猛烈震动，引起压力升高，使气瓶某处产生的压力超过了该瓶壁的强度极限，即引起气瓶爆炸。

3. 主要预防措施

（1）搬运氧气瓶时，要避免碰撞和剧烈震动，要戴好安全帽及

防震圈。

（2）装卸氧气时严禁滚动。

案例 17：焊补装酸罐爆炸

1. 事故经过

某单位一装运硫酸的罐体底部漏酸，补焊时，将罐底朝上，人孔朝下放在地面上，当焊工起弧时，酸罐即发生爆炸，当场烧伤焊工，并炸死在场工人一名。

2. 主要原因分析

经过取样分析得知，罐体材料不是耐酸钢，在稀硫酸作用下，罐体材料中的铁与酸可发生如下反应：

$$Fe + H_2SO_4 \Longrightarrow FeSO_4 + H_2 \uparrow$$

由上式可知，在酸罐内会充满氢气与空气的混合气体，氢在空气中的含量达到爆炸极限范围，因此显然是电焊火花引燃罐内混合气体发生爆炸。

3. 主要预防措施

焊补酸、碱罐前，必须先了解罐内情况，然后用（碱）水清洗，待其中的液体或气体排净，并使焊件不呈密闭状态时，才能施焊。盛稀硫酸的罐槽，应用耐酸钢板或衬铅钢板制成。

案例 18：焊补柴油柜爆炸

1. 事故经过

某拖拉机厂一辆汽车装载的柴油柜，出油管在接近油阀的部位损坏，需要焊补。操作人员将柜内柴油放完之后，未加清洗，只打开人孔盖就进行焊补，立刻爆炸，现场炸死 3 人。

2. 主要原因分析

（1）油柜中的柴油放完之后，柜壁内表面仍有油膜存留，并向柜内挥发油气，与进入的空气形成爆炸性混合气体，被焊接高温引爆。

（2）焊工盲目焊补，酿成事故。

3. 主要预防措施

（1）柴油柜焊接前必须进行置换处理，并达到清洗合格标准后,才能焊补。

（2）焊补时应将油柜所有盖、阀门打开,并通压缩空气。

案例 19:焊补渗漏的酒精桶爆炸

1. 事故经过

某厂制药车间将一个渗漏的酒精桶送到机修组焊补,焊工甲施焊不久,酒精桶爆炸,飞起的桶盖击裂甲的头部,甲当场死亡。

2. 主要原因分析

酒精桶施焊前未经任何清洗,桶内还残留有酒精,酒精易挥发,在密闭容器内与空气形成爆炸性混合气体,焊接时引燃而爆炸。

3. 主要预防措施

（1）盛装酒精的容器,焊前必须用清水清洗干净,并敞开桶盖进行焊接。

（2）焊工在焊接前,必须弄清容器曾装过何种易燃易爆物品及清洗情况,不要盲目动火焊补。

案例 20:焊工引弧引起舭舱爆炸

1. 事故经过

某船厂两名油工在一个密闭的舭舱内喷涂最后一遍油漆,到中午喷漆工作完毕。在出舭舱时,随手将人孔盖半开半关而离去。舱盖周围也无任何提示危险的标志(如"舱内已喷漆"、"火不能靠近"等)。下午 3 时左右,一名舾装铆工上船安装小机座,工作位置接近该舭舱,在气割点火时,铆工发现没带电子打火枪,就请焊工帮忙点一下火。焊工顺手拿起焊钳在舭舱盖上引弧,接着一声巨响,舭舱爆炸。当场 8 人死亡,6 人受伤。

2. 主要原因分析

（1）油漆中苯的可燃气体与空气混合达到了爆炸极限。加之天气炎热,更加剧了苯的可燃气体浓度,因此遇火立即爆炸。

（2）舭舱喷漆后,未设警示标志和监护人。

（3）喷漆后舭舱内未采取通风措施。

3. 主要预防措施

（1）该舾舱周围应设警示牌和监护人。

（2）舾舱内应通压缩空气，减少可燃气体浓度。

（3）焊工引弧时，要注意周围环境（即易燃易爆物）。

案例 21：焊补空汽油桶爆炸

1. 事故经过

某厂汽车队一个有裂缝的空汽油桶需焊补，焊工班提出未采取措施直接焊补有危险，但汽车队说这个空桶是干的，无危险。结果在未采取任何安全措施的情况下，甚至连加油口盖子也没打开就进行焊补。现场的情况是一位焊工蹲在地上烧气焊，另一位工人用手扶着汽油桶。刚开始焊接时汽油桶就爆炸，两端封头飞出，桶体被炸成一块铁板，正在操作的气焊工被炸死。

2. 主要原因分析

车用汽油的爆炸极限为 $0.89\%\sim5.16\%$，爆炸下限非常低。因此，尽管空桶是干的，但只要油桶内壁的铁锈表面微孔吸附少量残油，或桶内缝隙里的残油甚至油泥挥发扩散出汽油蒸气，很容易达到和超过爆炸下限，遇焊接火焰或电弧就会发生爆炸，加上能打开的孔洞盖子没有打开，爆炸时威力较大。

3. 主要预防措施

（1）严禁焊补切割未经安全处理的燃料容器和管道。

（2）严禁焊补切割未开孔洞的密封容器。

（3）燃料容器的焊补需按规定采取有关安全组织措施。

第四节　高处坠落事故

案例 22：高处施焊坠落死亡事故

1. 事故经过

某年 11 月 10 日 15：30，某单位基建科副科长甲未戴安全带，也未采取其他安全措施，便攀上屋架，替换工人乙焊接车间屋架角钢与钢筋支撑。先由民工丙帮助扶持被焊的角钢，大约 1 个小时后,丙下去取角钢,由甲1人焊钢筋。因无助手,甲便自己左手扶着待焊的钢筋,右手拿着焊钳,甲先将钢筋的一端点固,然后左手抓着已点固一端的钢筋,侧身去焊接钢筋的另一端。结果甲左手抓着的钢筋因点固不牢,支持不住人体的重量而突然断裂,甲便与钢筋一起从12.4 m高的屋架上跌落下来,头部落地,当即死亡。

2. 主要原因分析

高处作业未采取任何安全防护措施;本人又非专职焊工,钢筋点固不牢,以致钢筋点固焊缝断裂而坠落死亡。

3. 主要预防措施

高空作业必须有可靠的安全防护措施(安全帽、安全带、安全网、脚手架等)。非专职焊工不准进行焊接。

案例23:焊工沿竹梯攀登时坠落造成重伤事故

1. 事故经过

某装潢公司装修一商店门面时,一焊工左手拿面罩和焊条,右手拿焊钳沿竹扶梯往上攀登至约3 m处,在用焊钳夹焊条的瞬间,脚下一滑,后仰而跌落,造成手和腰多处骨折而受重伤。

2. 主要原因分析

焊工沿竹梯登至3 m处作业,属高处作业,没有采取防坠落安全措施是发生事故的主要原因。

3. 主要预防措施

登高2 m以上必须要有安全防护措施,比如搭脚手架、系安全带、加安全网等。

案例24:安全带低挂高用高处坠落事故

1. 事故经过

某施工单位在拆除郊区某厂一钢结构车间时,一气割工登高用氧-乙炔火焰气割屋顶钢架,当割完第二根槽钢时,这根下落的槽钢打击下层钢梁而引起震动,该气割工也被震落,虽系了安全带,但因空中坠落距离过大而受重伤。

2. 主要原因分析

该气割工没有遵守高处作业中安全带高挂低用的安全要求,

在高处作业时,安全带应扣牢在作业点上方,而该工人为下行方便而把安全带扣在作业点下方,事故发生后,虽然佩戴了安全带,但因空中坠落距离过大而受重伤。

3. 主要预防措施

登高作业必须佩戴安全带,架设安全网,安全带要高挂低用,不准低挂高用。拆除工程,预先要编制拆除安全技术方案,实现顺利安全拆除。

案例 25:解开安全带,在外轮上进行焊接不慎坠落船舱死亡事故

1. 事故经过

某民工帅某随某工程队去某船厂码头打工。1998 年 5 月下旬某日早上,电焊工帅某和同事们一起登上外轮进行高处电焊作业,按要求系挂了安全带。因操作中需在脚手架上来回走动,帅某于中途解开了安全带,继续施焊,不慎从 13 m 高处坠落船舱死亡。

2. 主要原因分析

开始时,焊工挂了安全带,因为要在脚手架上来回走动,中途解开了安全带,后因未挂上安全带,致使其在高处焊接时没有安全带保护,不慎坠落死亡,属于违章施焊。

3. 主要预防措施

在高处必须坚持全程系安全带施焊。不宜使用安全带时必须在施焊区域下方架设安全网。

案例 26:气焊工登高作业,踩破石棉瓦坠落受伤事故

1. 事故经过

某年某化工机械厂气焊工王某在石棉瓦屋顶上进行气焊作业时,踩破屋顶石棉瓦,从 3 m 高处坠落,造成重伤。

2. 主要原因分析

在石棉瓦屋顶上进行气焊作业,没有在石棉瓦上铺安全垫板,违反了登石棉瓦屋顶的安全规定,属违章作业。

3. 主要预防措施

登石棉瓦屋顶作业或行走必须铺设牢固的安全垫板,以确保在上面作业或行走时的安全。

案例 27：用烧红的焊条点烟，触电坠落死亡事故

1. 事故经过

某建筑工地一名焊工，工作一段时间后坐在金属架上休息。弧焊变压器二次回路的一端连接着构件，他既未系安全带又违章用烧红的焊条点烟，电流立即通过人体致该焊工从金属架上坠落，当场死亡。

2. 主要原因分析

弧焊变压器二次回路的一端连接着构件，焊工在高处用烧红的焊条点烟，引起触电，这是一次事故。因未系安全带，触电后从高处坠落为二次事故。本事故属二次违章作业而引起。

3. 主要预防措施

严禁用烧红焊条点烟，高处作业要有防坠落措施。

第五节　职业危害事故

案例 28：在氧气球罐内用气焊烘烤富锌涂层焊缝，引起不适事故

1. 事故经过

某年 10 月某厂氧气球罐检修，气焊工通过软梯进入氧气球罐内用气焊烘烤氧气球罐焊缝，氧气球罐内壁涂有富锌涂料，在高温作用下富锌涂层汽化挥发，气焊工因作业时间较长，引起胸闷、心慌、头晕、不适而停止作业。

2. 主要原因分析

气焊工在氧气球罐内烘烤焊缝，因高温作用，内壁富锌涂层汽化挥发，氧气球罐处于半封闭状态，无通风排尘措施，锌蒸气和其他有害气体浓度甚高，作业时间较长，故引起有害气体职业危害，并伴有中暑症状。

3. 主要预防措施

(1) 在半封闭氧气球罐内用气焊烘烤富锌涂层时必须有通风

排毒措施,焊工必须在上风向作业。

（2）作业人员入罐时间不能过长,要安排气焊工轮换作业。

（3）夏季要落实防暑降温措施。

（4）氧气球罐内施工时必须要有专人进行安全监护。

案例 29:在半封闭容器内施焊,导致"焊工金属热"事故

1. 事故经过

某年 6 月 2 日上午 9 时左右,某厂容器车间焊工在 Φ900 mm× 2 470 mm半封闭筒体内用低氢型碱性焊条施焊,作业中无通风排毒措施,女电焊工因焊接烟尘中毒晕倒,继而出现发低烧、寒冷、恶心和口内出现金属味等症状。

2. 主要原因分析

用低氢型碱性焊条在半封闭容器内施焊,且又无通风排毒措施是引起焊工中毒的主要原因。焊工体质较弱也是原因之一。

3. 主要预防措施

在半封闭容器内施焊必须采取通风排毒措施。焊工应在上风向作业。有条件时要采用轮换作业。

焊工身体不适,不宜进入半封闭容器内用低氢型碱性焊条施焊。

案例 30:氩弧焊焊工频繁起弧致头晕

1. 事故经过

2008 年,上海某机械厂焊接车间,一名氩弧焊焊工使用一台钨极氩弧焊焊机,由于工作需要多次开关焊机,频繁引弧,焊工王某感觉有些头晕乏力。在焊接开始时,还时不时将焊枪贴近耳朵来试探气体流量。结果由于频繁起弧,王某头晕加重,在试探气体流量时晕倒。

2. 主要原因分析

采用高频引弧时,产生的高频电磁场强度高达 60～100 V/m,严重超过职业卫生标准规定的 20 V/m。焊工王某频繁引弧严重影响了自身的健康,从而导致头晕乏力。同时,在试探气体流量的时候,用耳朵、面部及身体其他裸露部位试探气体流量也是导致这

起事故的原因。

3. 主要预防措施

（1）加强焊工安全教育，提高安全保护意识，使他们充分认识到安全的重要性。

（2）做好高频防护措施，一般工件要有良好接地，焊枪电缆和地线要用编织线屏蔽。

（3）适当降低频率，尽量不使用高频振荡器作为稳弧装置，以减少高频作用时间。

（4）严格控制在高频电磁场中的作业时间。

案例 31：一氧化碳中毒施救不力酿悲剧

1. 事故经过

2006 年 1 月，河南省某钢铁公司 7 名焊接人员在对热风管道进行返修过程中，由于管道内有残留煤气，导致 7 名返修人员中毒晕倒，周围的 6 名工人发现后，立即进行抢救，救出 4 人，死亡 3 人，施救人员在施救过程中由于未佩戴防毒面具，导致 1 人死亡，此次事故共造成 4 人死亡、6 人重伤。

2. 主要原因分析

抢救人员进入现场前未佩戴防毒面具导致悲剧发生。

3. 主要预防措施

（1）出现事故时，在场人员一定要头脑清醒、沉着、冷静，要尽量了解判断事故发生地点、性质、灾害程度和可能波及的地点。职工要有安全意识，掌握自救、互救知识。

（2）针对各类检修或清污作业要注意安全保障措施，如热风管道、排污井、造纸厂储浆池等作业场所可能产生的造成中毒和窒息的危险因素。在清理长期封闭和深度较大的井（池）时，必须制定安全措施和操作规程，加强现场监护，随时检测气体变化情况，并佩戴好有效的防护用品才能作业。若发生事故，进行急救前应加强现场通风，并佩戴防毒面具，使中毒者尽快离开现场，呼吸新鲜空气。在有毒有害气体环境作业时，必须有可靠的监护。

案例 32：离子弧焊健康危害事故

1．事故经过

某厂两名焊工在等离子焊接作业中，一名焊工突然流鼻血，另一名焊工近来嗓子不舒服。经医生检查后，发现两名焊工血液中的白血球大量减少，已低于健康标准。

原来，这两名焊工已连续从事等离子焊接达 6 个月，作业场所狭窄，且无抽烟吸尘装置。两名焊工早就觉得精神怠倦、胸闷、咳嗽、头痛脑涨，但却不知其病因。

2．主要原因分析

（1）等离子弧焊接过程中伴随有大量汽化的金属蒸气、臭氧、氮氧化物等。这些烟气和灰尘对操作工人的呼吸道、肺等产生严重影响。上述作业场所空气不畅通，未采用抽烟吸尘装置，使空气中的有害气体、烟尘的浓度提高。工人长期在这种环境中操作，受到积累性损害。

（2）工人对这种新工艺产生的危害性及如何防护缺乏了解，未使用适当的个人防护用品。

3．主要预防措施

（1）企业在采用这种工艺时，应同时制定职业卫生技术措施。

（2）企业对实施这种工艺应安排恰当的场所，配置抽烟吸尘装置，降低有害气体、烟尘的浓度，使之符合国家职业卫生标准。

（3）操作者要重视个人防护用品的使用。

第六节　其他事故

案例 33：用手拿取切割后的高温圆钢，将右手心烫伤事故

1．事故经过

某厂气焊工在厂房内气割圆钢，后与别人讲话，随之便用右手（未戴手套）去拿割下的一段高温圆钢，将右手心烫伤。

2．主要原因分析

刚被气割下的圆钢温度很高，未完全冷却便用手拿。这是一

起因工作粗心,注意力不集中而造成的事故。

3. 主要预防措施

焊割过的高温工件,未冷却之前严禁用手去拿。工件降至常温后用手拿之前要戴上防护手套。

案例34:气割水箱管道倒塌,将人压伤致死事故

1. 事故经过

某年7月7日上午,某工贸总公司收购站到某油脂化工厂现场拆除10 t旧锅炉,在水箱上施工的2名工人气割水箱管时,一组管道倒塌,压在1名工人身上,这名工人送往医院经抢救无效死亡。

2. 主要原因分析

经检查,发生这起倒塌事故的原因是拆除方法不对,没有事先拆除管道外的保温层,以减轻倒塌物的重量,也没有根据被拆物的重量在焊割拆除前将被拆除部件作适当固定。

3. 主要预防措施

在拆除笨重物件时,应事先制定具体的拆除技术方案,组织者不能只凭经验指挥,拆除过程中要采取相应的安全防护措施,才能确保安全。

在气割拆除后,只有在安全的情况下,才能将管道推落至地面。

案例35:焊工在草丛中施焊时被毒蛇咬伤致死事故

1. 事故经过

某单位气焊工在镇郊附近草丛中为建电灌站进行气割作业,因雨后草丛中杂草潮湿,便卷起裤脚。在拿工具行走时,被草丛中窜出的一条毒蛇咬伤右小腿,随之伤口处及右小腿红肿,送医院后经抢救无效死亡。

2. 主要原因分析

在草丛中卷起裤脚行走时,可能会被蛇咬伤,这是一种意外伤害。

3. 主要预防措施

在野外草丛中行走或作业不要卷裤脚,要穿长筒靴。尽量不

要在有毒蛇出没的草丛中作业。不得已在有毒蛇出没的地方作业时,作业者应准备蛇药,以防不测。若被毒蛇咬伤,要按有关要求立即进行现场急救,并迅速送医院抢救。

案例 36:氧气胶管冲落,将水暖工眼球击裂失明事故

1. 事故经过

某厂气焊工甲与水暖工乙进行上、下水管大修工作。乙开启减压器上的氧气阀门,氧气突然冲击,将接在减压器出气嘴上的氧气胶管冲落,正好打在乙的左眼上,将眼球击裂失明。

2. 主要原因分析

(1)瓶内氧气压力较高,开启阀门过大,使氧气猛烈冲击。

(2)氧气胶管与减压器的连接部位扎得不牢。

(3)水暖工乙不懂气焊安全操作知识,开启阀门过猛,且又站在氧气出口方向,属违章作业,酿成事故。

3. 主要预防措施

(1)非气焊工不得操作气焊设备及工具。

(2)开启氧气阀门不要过猛、过大;操作者应站在气体出口方向的侧面。

(3)减压器出气嘴上的氧气胶管应插紧扎牢。

熔化焊接与热切割作业(复训)练习题

一、判断题

1. 焊接工作中存在职业危害,因此职业病防治的主体责任应当是焊工本身。 （   ）

2. 职业病不属于工伤。 （   ）

3. 用人单位为劳动者个人提供的职业病防护用品必须符合防治职业病的要求;不符合要求的,不得使用。 （   ）

4. 劳动者应当学习和掌握相关的职业卫生知识,增强职业病防范意识。 （   ）

5. 用人单位因任务繁忙可以安排劳动者先从事接触职业病危害的作业,空闲后再进行上岗前职业健康检查。 （   ）

6. 对从事接触职业病危害的作业的劳动者,在未进行离岗前职业健康检查的,不得与劳动者解除或者终止与其订立的劳动合同。 （   ）

7. 生产经营单位安排从业人员进行安全培训期间,不需支付工资和必要的费用。 （   ）

8. 生产经营单位的从业人员离岗二年以内重新上岗时,不需重新接受车间(工段、区、队)和班组级的安全培训。 （   ）

9. 生产经营单位从业人员应当接受安全培训,熟悉有关安全生产规章制度和安全操作规程,具备必要的安全生产知识,掌握本岗位的安全操作技能,增强预防事故、控制职业危害和应急处理的能力。 （   ）

10. 生产经营单位应当建立安全培训管理制度,保障从业人员安全培训所需经费,对从业人员进行与其所从事岗位相应的安全教育培训。 （   ）

11. 工伤事故死亡职工一次性赔偿标准,从 2011 年 1 月 1 日起,调整为按全国上一年度城镇居民人均收入的 20 倍计算。（   ）

12. 在有限空间作业过程中,工贸企业应当采取通风措施,保持空

气流通,可以采用纯氧通风换气。 （　　）

13. 特种作业人员必须具有初中及以上文化程度。 （　　）

14. 特种作业人员应经社区或者县级以上医疗机构体检健康合格,并无妨碍从事相应特种作业的疾病和生理缺陷。 （　　）

15. 为了防止作业人员或邻近区域的其他人员受到焊接及切割电弧的辐射及飞溅伤害,可用木板加以隔离保护。 （　　）

16. 在进行焊接及切割操作的地方必须配置足够的灭火设备。
   （　　）

17. 检验气路连接处密封性时,可以使用明火。 （　　）

18. 在有接地(或接零)装置的焊件上进行弧焊操作,或焊接与大地密切连接的焊件(如管道、房屋的金属支架等)时,应采取焊机和工件的双重接地。 （　　）

19. 如果发现燃气气瓶的瓶阀周围有泄漏,应关闭气瓶阀拧紧密封螺帽。 （　　）

20. 企业应积极改善焊接工艺,并采用先进的焊接材料及焊接技术以降低焊接过程中尘毒等有害物质浓度。 （　　）

21. 企业应定期对焊接作业场所尘毒有害因素进行检测,并对通风排尘装置和其他卫生防护装置的效果进行评价,焊接防尘防毒通风设施不得随意拆除或停用。 （　　）

22. 发生触电事故时,现场急救的第一步是人工呼吸。 （　　）

23. "临床死亡"的触电者,生命是无法挽救的。 （　　）

24. 触电者进入"生物死亡",生命是无法挽救的。 （　　）

25. 口对口人工呼吸是对呼吸停止的抢救。 （　　）

26. 口对口人工呼吸是对心跳停止的抢救。 （　　）

27. 在胸外心脏按压时,成人和小孩所采用的方法是完全一致的。
   （　　）

28. 发生触电事故后应第一时间将触电者送到医院抢救。（　　）

29. 在拉拽触电者脱离电源的过程中,救护人宜用单手操作,这样对救护人比较安全。 （　　）

30. 触电者脱离电源后,仰面躺在平硬的地方,可在其头部下方垫

枕头或其他物品,使其较为舒适,便于抢救。　　　　　（　　）

31. 在胸外心脏按压时,抢救人员按压时其肘部要弯曲,这样按压力度才足够。　　　　　　　　　　　　　　　（　　）

32. 在胸外心脏按压时,抢救人员按压一次结束后,手可以离开伤员胸部后再进行下一次按压。　　　　　　　　（　　）

33. 在心肺复苏过程中,抢救较长时间后,可稍休息后再进行急救。

　　　　　　　　　　　　　　　　　　　　　　（　　）

34. 触电急救时应安全迅速地使触电者脱离带电体。　　（　　）

35. 电子束焊过程中操作人员直接观察熔池,眼睛易受伤害。

　　　　　　　　　　　　　　　　　　　　　　（　　）

36. 电子束焊操作人员不会受高频磁场的危害。　　　　（　　）

37. 激光焊接厚件时可不开坡口,一次成形。　　　　　（　　）

38. 激光焊接不可穿过透明介质对密闭容器内的工件进行焊接。

　　　　　　　　　　　　　　　　　　　　　　（　　）

39. 激光焊接不需真空室,不产生 X 射线,观察及焊缝对中方便。

　　　　　　　　　　　　　　　　　　　　　　（　　）

40. 在激光焊接时,眼睛可以直视激光,不需佩戴激光焊接专用防护眼镜。　　　　　　　　　　　　　　　　　（　　）

41. 电渣焊是利用电流通过液体熔渣所产生的电阻热作为热源,将工件和填充金属熔合成焊缝的焊接方法。　　（　　）

42. 电渣焊和其他熔化焊方法相比,宜在水平位置焊接。（　　）

43. 电渣焊和其他熔化焊方法相比,厚件能一次焊成。（　　）

44. 电渣焊时,水分进入渣池可引起爆渣。　　　　　　（　　）

45. 电渣焊渣池对被焊工件有较好的预热作用。　　　　（　　）

46. 电渣焊通常无需在焊接后进行正火和回火等热处理。（　　）

47. 热喷涂是将熔融状态的喷涂材料,通过低速气流雾化并喷射在工件表面上,形成喷涂的一种表面加工方法。　（　　）

48. 焊接机器人就是在工业机器人的末轴法兰装接焊钳或焊（割）枪的,使之能进行焊接、切割或热喷涂。　　　　（　　）

49. 焊接设备的接线必须由焊工进行,其他人员不得擅自进行。

　　　　　　　　　　　　　　　　　　　　　　（　　）

50. 一般情况下,焊机的空载电压不超过安全电压。　　　（　　）

51. 焊工工作时经常大量出汗,导致人体电阻降低,触电危险性增大。　　　　　　　　　　　　　　　　　　　　　　　（　　）

52. 在推、拉焊机电源闸刀时,要穿戴绝缘手套,动作要快,人站在侧面。　　　　　　　　　　　　　　　　　　　　　　　（　　）

53. 不能使用带有油脂的手套去开启氧气瓶阀和减压器。（　　）

54. 棉布衣服燃烧时会熔成液滴黏附在皮肤上,且所产生的温度比化纤衣服高,会加大烧伤伤情。　　　　　　　　　　（　　）

55. 在容器内焊接时可以使用氧气进行通风。　　　　　（　　）

56. 禁止使用氧气吹扫工作服、乙炔管道等。　　　　　（　　）

57. 严禁焊补切割未经安全处理的燃料容器和管道。　（　　）

58. 在高处作业时,安全带应扣牢在作业点的下方,以方便工人下行。　　　　　　　　　　　　　　　　　　　　　　　　　（　　）

59. 焊工长期受到高频电磁场作用可导致头晕乏力,影响身体健康。
　　　　　　　　　　　　　　　　　　　　　　　　　　　　（　　）

60. 氩弧焊操作时,焊工可用耳朵、面部及身体其他裸露部位试探气体的流量。　　　　　　　　　　　　　　　　　　　　（　　）

61. 焊工长期在半封闭容器内施焊,可导致"焊工金属热"。
　　　　　　　　　　　　　　　　　　　　　　　　　　　　（　　）

62. 开启氧气阀门不要过猛、过大,操作者应站在气体出口方向的正面。　　　　　　　　　　　　　　　　　　　　　　　　　（　　）

63. 气焊是利用可燃气体与助燃气体混合燃烧的火焰去熔化工件接缝处的金属和焊丝而达到金属间牢固连接的方法。（　　）

64. 乙炔瓶瓶阀发生冻结时,只可用 40℃ 以下的热水或蒸汽加热瓶阀进行解冻,严禁敲击或火焰加热。　　　　　　　（　　）

65. 乙炔是易燃易爆气体。　　　　　　　　　　　　　（　　）

66. 氧气是一种活泼的易燃气体。　　　　　　　　　　（　　）

67. 氧气减压器与乙炔减压器可以调换使用。　　　　　（　　）

68. 氧气瓶、乙炔瓶距明火的安全距离为 3 m。　　　　（　　）

69. 埋弧焊看不到电弧光辐射,劳动条件较好。　　　　（　　）

70. 金属焊接时必须采用加热、加压或者两者并用的方法。（　）

71. 酸性焊条一般用于较重要的焊接结构,如承受动载荷或刚性较大的结构。（　）

72. 碱性焊条焊接工艺性好,电弧稳定,可交、直流两用。（　）

73. 搭接接头比对接接头受力简单、均匀且节省金属。（　）

74. 为了节省焊接电缆,在焊接时可临时利用厂房中的煤气管道作焊接回路。（　）

75. 焊缝弧坑是指焊缝边缘或焊件背面焊缝根部存在未与母材熔合的金属堆积物。（　）

76. 焊接检验可以用气压试验代替水压试验。（　）

77. 电源的空载电压高时,则电弧的引燃就容易。（　）

78. 多层焊时,打底焊层应采用大直径焊条,以保证根部焊透。

（　）

79. 在异种钢焊接时,则按强度低的一侧钢材选用。（　）

80. 一般情况下电伤对人体的伤害作用比电击严重。（　）

81. 绝大部分触电死亡事故是由电伤造成的。（　）

82. 电流通过人体的持续时间越长,则对人体的伤害程度越严重。

（　）

83. 使用安全电压工作,就不会发生触电事故。（　）

84. 夏季在半封闭容器内或潮湿的环境中焊接,安全电压应该选择24 V。（　）

85. 有压力或密封的容器可直接在其本体上焊割。（　）

86. 手工电弧焊触电事故尤以低温、季节干燥环境居多。（　）

87. 可燃物质的燃点越低,这表明发生火灾的危险性越小。（　）

88. 易燃易爆物质与空气混合,在一定的浓度范围内遇火源就会发生爆炸,这个浓度范围称为爆炸极限。（　）

89. 高处焊接与热切割作业使用梯子时,两人可在一个梯子同时工作。（　）

90. 办理动火证的过程是具体落实焊割作业动火安全措施的全过程。（　）

91. 焊工用于防护电焊烟尘和有毒气体口罩可以通用。　　(　　)

92. 电焊工接触高浓度的电焊烟尘最快几个月就可以产生焊工尘肺。　　　　　　　　　　　　　　　　　　　　(　　)

93. 电焊工尘肺的发生要比电光性眼炎普遍。　　　　(　　)

94. 在进行二氧化碳气体保护焊时,如感到头晕、头痛等不适,有可能发生一氧化碳中毒。　　　　　　　　　　　(　　)

95. 电光性眼炎主要是由紫外线引起的。　　　　　　(　　)

96. 焊接时,焊工无需根据焊接电流的大小更换不同的滤光面罩镜片。　　　　　　　　　　　　　　　　　　　　(　　)

97. 焊工护目滤光片的号数主要是应根据焊接电流的强弱来选择,号数越大,颜色越深。　　　　　　　　　　　　(　　)

98. 电弧光产生的红外线热辐射,会使眼球晶体混浊,严重的可导致白内障。　　　　　　　　　　　　　　　　　(　　)

99. 电焊面罩护目镜的号数应根据焊接时间长短来选择。(　　)

100. 在平台上工作时,可将焊炬、割炬插在平台孔内,便于操作。

　　　　　　　　　　　　　　　　　　　　　　(　　)

二、单项选择题(每题只有1个选项符合题意)

1.《职业病防治法》规定:用人单位应当为劳动者创造符合国家(　　)和卫生要求的工作环境和条件,并采取措施保障劳动者获得职业卫生保护。

　　A. 安全政策　　　　　　　B. 职业卫生标准

　　C. 安全要求　　　　　　　D. 职业健康标准

2. 产生职业病危害的用人单位的工作场所(　　)。

　　A. 应当有与职业病危害防护相适应的设施

　　B. 无需设立更衣间、洗浴室

　　C. 可以与无害作业混合使用

　　D. 设施必须符合劳动者生理需要,但无需符合心理需要

3. 从事接触职业病危害的作业的劳动者,职业健康检查费用由(　　)承担。

　　A. 职工　　　　B. 政府　　　　C. 用人单位　　D. 保险公司

4. 职业病防治工作中必须坚持（　　）的基本方针。

    A. 安全第一、预防为主　　　　　B. 预防为主、防消结合

    C. 预防、治疗和康复相结合　　　D. 预防为主、防治结合

5. （　　）应当包括劳动者的职业史、职业病危害接触史、职业健康检查结果和职业病诊疗等有关个人健康资料。

    A. 居民健康档案　　　　　　　　B. 职业病诊断报告

    C. 劳动合同　　　　　　　　　　D. 职业健康监护档案

6. 矿山、危险物品等高危企业要对新职工进行至少（　　）学时的安全培训，每年进行至少 20 学时的再培训。

    A. 120　　　　　　　　　　　　B. 100

    C. 72　　　　　　　　　　　　　D. 32

7. 岗位安全操作规程属于（　　）岗前安全培训的内容。

    A. 安监局　　　　　　　　　　　B. 班组级

    C. 车间（工段、区、队）级　　　D. 厂（矿）级

8. （　　）应当按照《安全生产法》,有关法律、行政法规和《生产经营单位安全培训规定》,建立健全安全培训工作制度。

    A. 生产经营单位　　　　　　　　B. 企业职工

    C. 安监局　　　　　　　　　　　D. 社会

9. 生产经营单位主要负责人、安全生产管理人员、特种作业人员以欺骗、贿赂等不正当手段取得安全资格证或者特种作业操作证的,除撤销其相关资格证外,处（　　）以下的罚款,并自撤销其相关资格证之日起 3 年内不得再次申请该资格证。

    A. 1 千元　　　　　　　　　　　B. 2 千元

    C. 3 千元　　　　　　　　　　　D. 5 千元

10. （　　）要求企业负责人和领导班子成员要轮流现场带班,其中煤矿和非煤矿山要有矿领导带班并与工人同时下井、升井。

    A. 企业负责人职业资格否决制度

    B. 重大隐患治理和重大事故查处督办制度

    C. 高危企业安全生产标准核准制度

    D. 领导干部轮流现场带班制度

11. 有限空间作业应当严格遵守( )的原则。
   A. 先检测、再通风、后作业　　B. 先通风、再检测、后作业
   C. 先作业、再检测、后通风　　D. 先通风、再作业、后检测

12. 未经通风和检测合格,任何人员不得进入有限空间作业。检测的时间不得早于作业开始前( )分钟。
   A. 10　　　　　　　　　　　B. 60
   C. 20　　　　　　　　　　　D. 30

13. 特种作业操作证需要复审的,应当在期满前( )日内,由申请人或者申请人的用人单位向原考核发证机关或者从业所在地考核发证机关提出申请。
   A. 30　　　　　　　　　　　B. 60
   C. 90　　　　　　　　　　　D. 120

14. 根据《特种作业人员安全技术培训考核管理规定》,不属于特种作业的是( )。
   A. 电工作业　　　　　　　　B. 焊接与热切割作业
   C. 钳工　　　　　　　　　　D. 高处作业

15. ( )作业是指使用局部加热的方法将连接处的金属或其他材料加热至熔化状态而完成焊接与切割的作业。
   A. 熔化焊接与热切割　　　　B. 压力焊
   C. 钎焊　　　　　　　　　　D. 气体保护焊

16. ( )作业是指利用焊接时施加一定压力而完成的焊接作业。
   A. 熔化焊接与热切割　　　　B. 压力焊
   C. 钎焊　　　　　　　　　　D. 气体保护焊

17. ( )作业是指使用比母材熔点低的材料作钎料,将焊件和钎料加热到高于钎料熔点,但低于母材熔点的温度,利用液态钎料润湿母材,填充接头间隙并与母材相互扩散而实现连接焊件的作业。
   A. 熔化焊接与热切割　　　　B. 压力焊
   C. 钎焊　　　　　　　　　　D. 气体保护焊

18. 不属于熔化焊接与热切割作业的是(　　)。

    A. 焊条电弧焊　　　　　　　　　B. 埋弧焊

    C. 电子束焊　　　　　　　　　　D. 电阻焊

19. 特种作业操作证每(　　)年复审 1 次。

    A. 1　　　　　　B. 2　　　　　　C. 3　　　　　　D. 4

20. 特种作业人员应当年满(　　)周岁,且不超过国家法定退休年龄。

    A. 14　　　　　B. 16　　　　　C. 18　　　　　D. 20

21. 焊接与热切割作业人员必须具有(　　)及以上文化程度。

    A. 小学　　　　B. 初中　　　　C. 高中　　　　D. 都可以

22. 特种作业操作资格考试不及格的,允许补考(　　)次。

    A. 1　　　　　　　　　　　　　　B. 2

    C. 3　　　　　　　　　　　　　　D. 次数不限

23. (　　)是指容易发生事故,对操作者本人、他人的安全健康及设备、设施的安全可能造成重大危害的作业。

    A. 危险作业　　　　　　　　　　B. 一般作业

    C. 特种作业　　　　　　　　　　D. 电工作业

24. 所有与(　　)相接触的部件(包括仪表、管路、附件等)不得由铜、银以及铜(或银)含量超过 70% 的合金制成。

    A. 氧气　　　　　　　　　　　　B. 乙炔

    C. 液化石油气　　　　　　　　　D. 二氧化碳

25. 焊接和切割区域必须予以明确标明,并且应有必要的(　　)。

    A. 禁止标志　　　　　　　　　　B. 指令标志

    C. 提示标志　　　　　　　　　　D. 警告标志

26. 有焊接尘毒发生源的车间应设置在厂区全年最小频率风向的(　　)。

    A. 上风侧　　　　　　　　　　　B. 下风侧

    C. 侧面　　　　　　　　　　　　D. 以上都可以

27. 在焊接作业场所操作配备有除尘防毒装置的机器设备,应做到(　　)。

A. 在作业开始时,应先启动主机、后启动除尘防毒装置;作业结束时,应先关闭除尘防毒装置、后关闭主机。

B. 在作业开始时,应先启动主机、后启动除尘防毒装置;作业结束时,应先关闭主机、后关闭除尘防毒装置。

C. 在作业开始时,应先启动除尘防毒装置、后启动主机;作业结束时,应先关闭主机、后关闭除尘防毒装置。

D. 在作业开始时,应先启动除尘防毒装置、后启动主机;作业结束时,应先关闭除尘防毒装置、后关闭主机。

28. 焊接与热切割作业工作中不会发生的职业病有( )。

A. 电焊工尘肺   B. 滑囊炎

C. 电光性眼炎   D. 金属烟热

29. 心肺复苏时,为畅通呼吸道,必须将昏迷者的头部保持( )姿势。

A. 前倾   B. 侧转   C. 后仰   D. 都可以

30. 在胸外心脏按压时,每分钟至少( )次。

A. 30   B. 60   C. 100   D. 200

31. 在胸外心脏按压时,按压幅度至少( )厘米。

A. 2   B. 3   C. 4   D. 5

32. 心肺复苏的通常步骤是( )。

A. 心脏体外按压→开放呼吸道→口对口人工呼吸

B. 开放呼吸道→口对口人工呼吸→心脏体外按压

C. 口对口人工呼吸→开放呼吸道→心脏体外按压

D. 心脏体外按压→口对口人工呼吸→开放呼吸道

33. 在胸外心脏按压时,要先确定按压点,准确的按压部位是( )。

A. 胸部左侧   B. 胸部右侧

C. 胸骨中下段   D. 肋骨处

34. 在胸外心脏按压时,抢救人员使用( )进行按压。

A. 手指   B. 整只手   C. 掌心   D. 掌根

35. 发生触电时,现场急救时首先对伤员要做的是( )。

A. 人工呼吸　　　　　　　　B. 迅速脱离电源

C. 打强心针　　　　　　　　D. 送医院抢救

36. 电子束焊是指在真空环境下,利用汇聚的(　　)电子流轰击工件接缝处所产生的热能,使金属熔合的一种焊接方法。

　　A. 高速　　　B. 慢速　　　C. 低速　　　D. 中速

37. 高压真空电子束焊的主要危险是(　　)。

　　A. 弧光辐射　　　　　　　　B. 臭氧

　　C. 氮氧化物　　　　　　　　D. 高压电击

38. 安全生产"三违"行为不包括(　　)。

　　A. 违章指挥　　　　　　　　B. 违章作业

　　C. 违法乱纪　　　　　　　　D. 违反劳动纪律

39. 激光焊接的工程控制安全防护措施中最有效的是(　　)。

　　A. 将整个激光系统置于不透光的罩子中

　　B. 对激光器装配防护罩或防护围封

　　C. 工作场所的所有光路包括可能引起材料燃烧或二次辐射的区域都要予以密封,尽量使激光光路明显高于人体高度

　　D. 在激光加工设备上设置激光安全标志

40. (　　)不受电磁干扰,无磁偏吹现象存在,适宜于磁性材料焊接。

　　A. 二氧化碳气体保护焊　　　B. 激光焊

　　C. 焊条电弧焊　　　　　　　D. 钨极氩弧焊

41. 进行电渣焊时,由于焊剂分解,产生较多的(　　)气体,危害人体健康。

　　A. 一氧化碳　　B. 臭氧　　　C. 氮氧化物　　D. 氟化氢

42. 为防止电渣焊漏渣,应事先准备好(　　)及时加以阻塞。

　　A. 泡沫塑料　　　　　　　　B. 黄沙

　　C. 石棉泥　　　　　　　　　D. 木塞

43. 电渣焊时,当焊接面存在缩孔,焊接时熔穿,气体进入渣池会引起严重的(　　)伤人。

　　A. 爆渣　　　B. 滴渣　　　C. 翻渣　　　D. 流渣

44. 电渣焊过程中,(　　)阶段焊接焊缝不被割除。

    A. 引弧造渣　　　　　　　　　B. 正常焊接

    C. 引出　　　　　　　　　　　D. 以上三个

45. 电渣焊过程中,(　　)阶段焊缝金属和母材熔合不好。

    A. 引弧造渣　　　　　　　　　B. 正常焊接

    C. 引出　　　　　　　　　　　D. 以上三个

46. 电渣焊过程中,(　　)阶段容易产生缩孔和裂纹。

    A. 引弧造渣　　　　　　　　　B. 正常焊接

    C. 引出　　　　　　　　　　　D. 以上三个

47. 当焊缝中心线处于(　　)时,电渣焊形成熔池及焊缝成形条件最好,因此焊缝金属中不易产生气孔及夹渣。

    A. 水平位置　　　　　　　　　B. 倾斜位置

    C. 任意位置　　　　　　　　　D. 垂直位置

48. 在等离子喷涂中,不存在(　　)有害因素。

    A. 噪音　　　　　　　　　　　B. 弧光辐射

    C. 高频电磁场　　　　　　　　D. 放射性

49. 电弧喷涂通常使用(　　)电源。

    A. 直流　　　　　　　　　　　B. 交流

    C. 脉冲　　　　　　　　　　　D. 交直流均可

50. 焊接机器人是指具有(　　)个或以上可自由编程的轴,并能将焊接工具按要求送到预定空间位置,按要求轨迹及速度移动焊接工具的机器。

    A. 1　　　　　B. 2　　　　　C. 3　　　　　D. 4

51. 在安全生产事故的发生原因中,起最主要作用的是(　　)。

    A. 人的不安全行为　　　　　　B. 管理缺陷

    C. 违章作业　　　　　　　　　D. 物的不安全状态

52. 焊机的电源线长度一般不得超过(　　)m。

    A. 1　　　　　B. 3　　　　　C. 10　　　　D. 30

53. 由于焊机的电源电压较高,因此其长度必须严格遵守安全规程的规定。确需延长时,必须离地面(　　)m沿墙或立柱用瓷瓶布设。

    A. 1.5   B. 2.5   C. 3.5   D. 4.5

54. 焊工在容器内焊接时,需进行有效的通风,通风气源应该是( )。

    A. 氧气   B. 压缩空气

    C. 二氧化碳   D. 乙炔

55. 焊工在距坠落高度基准面( )m以上(包括该高度)有可能坠落的高处进行焊接与热切割作业称为高处焊接与热切割作业。

    A. 4   B. 3   C. 2   D. 1

56. 焊工在操作( )时,由于工作需要多次开关焊机,频繁引弧,受到高频电磁场的伤害。

    A. 二氧化碳气体保护焊   B. 埋弧焊

    C. 气焊   D. 钨极氩弧焊

57. 根据有关标准,乙炔瓶的外表面颜色应为( )色。

    A. 天蓝   B. 白   C. 灰   D. 深绿

58. 每个减压器可以接( )把焊炬或割炬。

    A. 一   B. 二   C. 三   D. 四

59. 气瓶瓶体有肉眼可见的突起(鼓包)缺陷时,处理的方法是( )。

    A. 维修   B. 降负荷使用

    C. 改造   D. 报废

60. 气割过程是( )过程。

    A. 吹渣—燃烧—预热   B. 燃烧—吹渣—预热

    C. 预热—燃烧—吹渣   D. 预热—燃烧

61. E4315 焊条中数字"43"代表( )。

    A. 熔敷金属抗拉强度的最小值

    B. 焊条的焊接位置

    C. 焊接电流种类及药皮种类

    D. 焊条直径

62. 焊剂是（　　）使用的保护材料。

    A. 焊条电弧焊　　　　　　　　B. 气焊

    C. 二氧化碳气体保护焊　　　　D. 埋弧焊

63. 电弧是指两电极之间的气体介质产生的强烈而持久的（　　）现象。

    A. 燃烧　　　　　　　　　　　B. 气体放电

    C. 电磁辐射　　　　　　　　　D. 电流放电

64. 调节焊接电流电压的手柄或旋钮等必须与电焊机的带电体有可靠的（　　），且调节方便、灵活。

    A. 连接　　　B. 隔离　　　C. 绝缘　　　D. 屏蔽

65. 在满足焊接工艺的前提下，空载电压尽可能的（　　）些。

    A. 高　　　　B. 低　　　　C. 稳　　　　D. 变化

66. 焊缝（　　）是指存在于焊缝或热影响区内部或表面的缝隙。

    A. 未焊透　　B. 气孔　　　C. 咬边　　　D. 裂纹

67. 焊缝（　　）是指存在于焊缝金属内部或表面的孔穴。

    A. 未焊透　　B. 咬边　　　C. 气孔　　　D. 裂纹

68. 电焊机的空载电压为一般不高于（　　）。

    A. 380 V　　B. 36 V　　　C. 220 V　　D. 90 V

69. BX1—330 属（　　）电焊机。

    A. 交流　　　　　　　　　　　B. 硅整流

    C. 逆变　　　　　　　　　　　D. 晶闸管式整流

70. 夏季容易发生焊工触电事故的主要原因是（　　）。

    A. 人体电阻下降　　　　　　　B. 劳动强度大

    C. 睡眠不足　　　　　　　　　D. 焊机温度高

71. 焊工在潮湿的地点焊接时，地面上应（　　）。

    A. 垫砖块　　　　　　　　　　B. 消除污水

    C. 垫绝缘板　　　　　　　　　D. 垫铁块

72. 当电源为 TN 系统三相四线制系统时，应安设（　　）线。

    A. 保护接零　　　　　　　　　B. 保护接地

    C. 重复接地　　　　　　　　　D. 工作接地

73. 当电源为 TT 系统单相制系统时,应安设(　　)线。

A. 保护接零　　　　　　　　B. 工作接地

C. 重复接地　　　　　　　　D. 保护接地

74. 可燃物质在其与空气的混合物中能够发生爆炸的最高浓度为
(　　)。

A. 爆炸下限　　　　　　　　B. 爆炸上限

C. 爆炸极限　　　　　　　　D. 爆炸点

75. 可燃物质在其与空气的混合物中能够发生爆炸的最低浓度为
(　　)。

A. 爆炸下限　　　　　　　　B. 爆炸上限

C. 爆炸极限　　　　　　　　D. 爆炸点

76. 可燃物质在其与空气的混合物之中能够发生爆炸的上下限之
间的浓度称为(　　)。

A. 危险范围　　　　　　　　B. 不会发生爆炸区

C. 爆炸极限　　　　　　　　D. 安全范围

77. 对于易燃易爆气体,其爆炸极限的上、下限区间越宽,发生爆
炸的危险性(　　)。

A. 越大　　　　　　　　　　B. 越小

C. 不变　　　　　　　　　　D. 不确定

78. 对于易燃易爆气体,其爆炸下限越高,发生爆炸的危险性
(　　)。

A. 越大　　　　　　　　　　B. 越小

C. 不变　　　　　　　　　　D. 不确定

79. 可燃物质受热升温而不需明火就能自发燃烧的现象称为
(　　)。

A. 着火　　　　B. 闪燃　　　　C. 爆炸　　　　D. 自燃

80. 可燃物质接触火源时能燃烧,当火源移去后仍能维持燃烧的
现象称为(　　)。

A. 着火　　　　B. 闪燃　　　　C. 爆炸　　　　D. 自燃

81. (　　)是物质在极短的时间内完成化学变化,生成新的物质

并产生大量气体和能量的现象。

A. 物理性爆炸　　　　　　　B. 综合性爆炸

C. 化学性爆炸　　　　　　　D. 瓦斯爆炸

82. 氧气瓶直接受热发生爆炸属于(　　　)。

A. 闪爆　　　　　　　　　　B. 物理性爆炸

C. 化学性爆炸　　　　　　　D. 爆鸣

83. 用干粉灭火器进行灭火属于(　　　)法。

A. 抑制　　　B. 窒息　　　C. 冷却　　　D. 隔离

84. 扑救火灾的有效措施是降低着火物质的温度,使之降到
(　　　)以下,这就是冷却灭火法的原则。

A. 自燃点　　　B. 熔点　　　C. 闪点　　　D. 燃点

85. 发生烧烫伤,现场急救首先是(　　　)。

A. 热敷消毒　　　　　　　　B. 冷水降温

C. 包扎　　　　　　　　　　D. 吹风冷却

86. 根据 GBZ2.1—2007《工作场所有害因素职业接触限值第 1 部
分:化学有害因素》规定,焊接作业场所电焊烟尘(总尘)时间
加权平均容许浓度为(　　　)mg/m³。

A. 8　　　　　B. 10　　　　C. 6　　　　D. 4

87. 安全色中红色表示(　　　)。

A. 禁止、停止、危险以及消防设备的意思

B. 指令

C. 提醒人们注意

D. 给人们提供允许、安全的信息

88. 安全色中蓝色表示(　　　)。

A. 禁止、停止、危险以及消防设备的意思

B. 指令

C. 提醒人们注意

D. 给人们提供允许、安全的信息

89. 安全色中黄色表示(　　　)。

A. 禁止、停止、危险以及消防设备的意思

B. 指令

C. 提醒人们注意

D. 给人们提供允许、安全的信息

90. 安全色中绿色表示（ ）。

A. 禁止、停止、危险以及消防设备的意思

B. 指令

C. 提醒人们注意

D. 给人们提供允许、安全的信息

91. 按防火管理制度，动火管理实行（ ）级审批制。

A. 一　　　　B. 二　　　　C. 三　　　　D. 四

92. 按通风范围，通风措施可分为全面通风和（ ）。

A. 送风　　　　　　　　B. 自然通风

C. 机械通风　　　　　　D. 局部通风

93. 干粉灭火器压力表指针降至（ ）色区域时，应及时更换。

A. 黄　　　　B. 红　　　　C. 绿　　　　D. 蓝

94. 干粉灭火器在使用过程中，下列步骤中第一步采用的是
（ ）。

A. 喷嘴对准火焰根部扫射　B. 一手捏紧压把

C. 一手握紧喷管　　　　　D. 拔掉保险销

95. 身上着火后，下列哪种灭火方法是错误的（ ）。

A. 就地打滚压灭火苗　　　B. 用厚重衣物覆盖压灭火苗

C. 边跑边用手拍打　　　　D. 把烧着的衣服迅速脱下

96. 我国的火警报警电话是（ ）。

A. 110　　　　B. 119　　　　C. 120　　　　D. 122

97. 戴好安全帽的主要作用是（ ）。

A. 防止物体打击伤害　　　B. 预防日光暴晒

C. 保护头部清洁　　　　　D. 防止中毒

98. 乙炔瓶与减压器的连接形式应为（ ）。

A. 倒旋螺纹　　　　　　B. 顺旋螺纹

C. 夹紧装置　　　　　　D. 连接装置

99. 氧气瓶与减压器的连接形式应为（   ）。

    A. 倒旋螺纹　　　　　　　　B. 顺旋螺纹

    C. 夹紧装置　　　　　　　　D. 连接装置

100. 液化石油气瓶与减压器的连接形式应为（   ）。

    A. 顺旋螺纹　　　　　　　　B. 连接装置

    C. 夹紧装置　　　　　　　　D. 倒旋螺纹

三、多项选择题(每题有2个或2个以上选项符合题意)

1. 对从事接触职业病危害的作业的劳动者,用人单位应当按照国务院安全生产监督管理部门、卫生行政部门的规定组织（   ）的职业健康检查,并将检查结果书面告知劳动者。

    A. 上岗前　　　　　　　　　B. 在岗期间

    C. 离岗时　　　　　　　　　D. 退休后

2. 生产经营单位使用（   ）时,对有关从业人员应当重新进行有针对性的安全培训。

    A. 新工艺　　B. 新技术　　C. 新设备　　D. 新材料

3. 煤矿、非煤矿山、危险化学品、烟花爆竹等高危行业的生产经营单位必须对新上岗的（   ）等进行强制性安全培训,保证其具备本岗位安全操作、自救互救以及应急处置所需的知识和技能后,方能安排上岗作业。

    A. 临时工　　B. 劳务工　　C. 轮换工　　D. 协议工

4. 生产单位根据从业人员的工作性质,在上岗前必须经过（   ）安全培训教育,保证其具备本岗位安全操作、应急处置等知识和技能。

    A. 安监局　　　　　　　　　B. 厂(矿)

    C. 车间(工段、区、队)　　　D. 班组

5. 企业（   ）在遇到险情时第一时间可以下达停产撤人的命令。因撤离不及时导致人身伤亡事故的,要从重追究相关人员的法律责任。

    A. 生产现场带班人员　　　　B. 安全监管人员

    C. 班组长　　　　　　　　　D. 调度人员

6. 存在有限空间作业的工贸企业应当建立（　　　　　）等安全生产制度和规程。

　　A. 有限空间作业安全责任制度

　　B. 有限空间作业现场安全管理制度

　　C. 有限空间作业应急管理制度

　　D. 有限空间作业安全操作规程

7. 特种作业人员不得（　　　　　）冒用特种作业操作证或者使用伪造的特种作业操作证。

　　A. 伪造　　　　　B. 涂改　　　　　C. 转借　　　　　D. 转让

8. 特种作业人员（　　　　　）特种作业操作证的，给予警告，并处2 000元以上10 000元以下的罚款。

　　A. 转借　　　　　B. 转让　　　　　C. 冒用　　　　　D. 倒卖

9. 特种作业人员复审申请时，需提交的材料有（　　　　　）。

　　A. 个人申请书

　　B. 社区或者县级以上医疗机构出具的健康证明

　　C. 从事特种作业的情况

　　D. 安全培训考试合格记录

10. 钎焊作业包括（　　　　　）等。

　　A. 火焰钎焊作业　　　　　　　B. 电阻钎焊作业

　　C. 电子束焊　　　　　　　　　D. 感应钎焊作业

11. 当触电者呼吸、心跳都停止，现场急救操作时，采用交替进行的抢救方法是（　　　　　）。

　　A. 先吹二次气　　　　　　　　B. 先挤压30次

　　C. 再吹二次气　　　　　　　　D. 再挤压30次

12. 触电现场急救的基本原则有（　　　　　）。

　　A. 迅速　　　　　B. 就地　　　　　C. 准确　　　　　D. 坚持

13. 激光焊接是激光与非透明物质相互作用的过程，这个过程表现为（　　　　　）等现象。

　　A. 反射　　　　　B. 吸收　　　　　C. 加热　　　　　D. 液化

14. 激光焊接与切割操作人员的个人防护主要使用以下器材

（　　　　　）。

    A. 激光防护眼镜   B. 激光防护面罩

    C. 激光防护手套   D. 激光防护服

15. 根据采用电极的形状和是否固定,电渣焊方法主要有（　　　　　）。

    A. 丝极电渣焊   B. 等离子电渣焊

    C. 熔嘴电渣焊   D. 板极电渣焊

16. 热喷涂的方法包括（　　　　　）等。

    A. 气体喷涂   B. 火焰喷涂

    C. 电弧喷涂   D. 等离子喷涂

17. 在熔化焊接与热切割作业中容易发生的事故类别主要有（　　　　　）等。

    A. 触电   B. 火灾   C. 爆炸   D. 车辆伤害

18. 安全生产事故的发生原因可归纳为（　　　　　）等。

    A. 人的不安全行为   B. 管理缺陷

    C. 违章作业   D. 物的不安全状态

19. 焊工在高空作业焊接时,必须有（　　　　　）等可靠的安全防护措施。

    A. 脚手架   B. 安全带   C. 安全网   D. 安全帽

20. 化学爆炸应同时具备（　　　　　）三个条件才能发生。

    A. 易燃易爆物

    B. 易燃易爆物与空气混合后的气体的浓度在爆炸极限范围内

    C. 明火源或激发能量

    D. 进行电焊操作

21. 灭火的基本方法有（　　　　　）法和抑制法。

    A. 散热   B. 窒息   C. 冷却   D. 隔离

22. （　　　　　）不能扑灭电气火灾。

    A. 泡沫灭火器   B. 水

    C. 干粉灭火器   D. 二氧化碳灭火器

23. 焊接与热切割作业事故及职业危害的处理要做到"四不放过"原则,具体包括( )。

A. 事故原因未查清不放过

B. 责任人员未处理不放过

C. 整改措施未落实不放过

D. 有关人员未受到教育不放过

24. 车间排除焊接烟尘和有毒气体的辅助措施是全面通风,具体办法有( )等。

A. 横向排烟   B. 上抽排烟

C. 下抽排烟   D. 局部排烟

25. 手工电弧焊的焊接接头可分为( )及 T 形等基本形式。

A. 对接   B. 角接   C. 连接   D. 搭接

练习题答案

一、判断题

1. × 2. × 3. √ 4. √ 5. × 6. √ 7. × 8. ×
9. √ 10. √ 11. × 12. × 13. × 14. √ 15. ×
16. √ 17. × 18. × 19. √ 20. √ 21. √ 22. ×
23. × 24. √ 25. √ 26. × 27. × 28. √ 29. √
30. × 31. × 32. × 33. √ 34. √ 35. √ 36. ×
37. √ 38. × 39. √ 40. × 41. √ 42. × 43. √
44. √ 45. √ 46. × 47. × 48. √ 49. × 50. ×
51. √ 52. √ 53. √ 54. × 55. × 56. √ 57. √
58. × 59. √ 60. × 61. √ 62. × 63. √ 64. √
65. √ 66. × 67. × 68. × 69. √ 70. √ 71. ×
72. × 73. × 74. √ 75. √ 76. × 77. √ 78. ×
79. √ 80. × 81. × 82. √ 83. × 84. × 85. ×
86. × 87. × 88. √ 89. √ 90. √ 91. × 92. ×
93. × 94. √ 95. √ 96. × 97. √ 98. √ 99. ×
100. ×

二、单项选择题（每题只有1个选项符合题意）

1. B 2. A 3. C 4. D 5. D 6. C 7. B 8. A 9. C
10. D 11. B 12. D 13. B 14. C 15. A 16. B 17. C
18. D 19. C 20. C 21. B 22. A 23. C 24. B 25. D
26. A 27. C 28. B 29. C 30. C 31. D 32. A 33. C
34. D 35. B 36. A 37. D 38. C 39. A 40. B 41. D
42. C 43. A 44. B 45. A 46. C 47. D 48. D 49. A
50. C 51. A 52. B 53. B 54. B 55. C 56. D 57. B
58. A 59. D 60. C 61. A 62. D 63. B 64. C 65. B
66. D 67. C 68. D 69. A 70. A 71. C 72. A 73. D
74. B 75. A 76. C 77. A 78. B 79. D 80. A 81. C

82. B 83. A 84. D 85. B 86. D 87. A 88. B 89. C

90. D 91. C 92. D 93. B 94. D 95. C 96. B 97. A

98. C 99. B 100. D

三、多项选择题(每题有2个或2个以上选项符合题意)

1. ABC 2. ABCD 3. ABCD 4. BCD 5. ACD 6. ABCD

7. ABCD 8. ABC 9. BCD 10. ABD 11. BC 12. ABCD

13. ABC 14. ABCD 15. ACD 16. BCD 17. ABC

18. ABD 19. ABCD 20. ABC 21. BCD 22. AB

23. ABCD 24. ABC 25. ABD

主要参考资料

1. 国家安全生产监督管理总局.特种作业人员安全技术培训大纲和考核标准.2011.

2. 朱兆华.焊接与热切割作业(初训)[M].3版.徐州:中国矿业大学出版社,2009.

3. 国家质量技术监督局.GB 9448—1999　焊接与切割安全.1999.

4. 国家安全生产监督管理总局.AQ 4214—2011　焊接工艺防尘防毒技术规范.2011.